Mussawir Hosany
Baureck Farheen
Montille Olivier

Comunicações seguras de porta série e sistemas de marcação telefónica

Mussawir Hosany
Baureck Farheen
Montille Olivier

Comunicações seguras de porta série e sistemas de marcação telefónica

Conceção e implementação em LabView

ScienciaScripts

Imprint

Any brand names and product names mentioned in this book are subject to trademark, brand or patent protection and are trademarks or registered trademarks of their respective holders. The use of brand names, product names, common names, trade names, product descriptions etc. even without a particular marking in this work is in no way to be construed to mean that such names may be regarded as unrestricted in respect of trademark and brand protection legislation and could thus be used by anyone.

Cover image: www.ingimage.com

This book is a translation from the original published under ISBN 978-620-2-05587-1.

Publisher:
Sciencia Scripts
is a trademark of
Dodo Books Indian Ocean Ltd. and OmniScriptum S.R.L publishing group

120 High Road, East Finchley, London, N2 9ED, United Kingdom
Str. Armeneasca 28/1, office 1, Chisinau MD-2012, Republic of Moldova, Europe
Printed at: see last page
ISBN: 978-620-7-93514-7

Índice:

Comunicações seguras por porta série e sistemas de marcação telefónica
Conceção e implementação em LabView®

BAURECK Farheen Zohra
Montille Olivier
Hosany Mussawir Ahmad
Departamento de Engenharia Eléctrica e Eletrónica
Faculdade de Engenharia
Universidade da Maurícia

dezembro de 2017

"A imaginação é mais importante do que o conhecimento"

-Albert Einstein

Agradecimentos

Antes de mais, estamos gratos a **Deus Todo-Poderoso** por nos ter dado a possibilidade de concluir este livro.

Um agradecimento especial vai também para a nossa equipa técnica pela sua compreensão e cooperação ao lidar com os pedidos persistentes de espaço de armazenamento de vídeo e de capacidade de processamento adicionais. Os autores estão também em dívida para com as suas queridas famílias pelas suas bênçãos e encorajamento para a conclusão do livro. Temos uma dívida de gratidão para com os nossos amigos pela sua ajuda e desejos de sucesso na realização deste livro.

Resumo

Comunicar com os outros tornou-se uma coisa muito simples hoje em dia, devido aos diferentes tipos de tecnologias existentes. Enviar uma mensagem a um amigo, por exemplo, tornou-se uma tarefa muito fácil, mas por detrás disso existe todo um sistema de comunicação responsável pela transferência da mensagem. Neste relatório, o objetivo é criar um sistema de comunicação em LabVIEW, que envolve um texto encriptado que foi codificado com a cifra de César, um algoritmo que consiste em deslocar os alfabetos de uma palavra ou de um texto em relação a uma determinada chave de magnitude. O texto cifrado foi então enviado para quatro saídas diferentes, que incluem de uma porta para outra através de uma comunicação de porta a porta de série, depois enviado por correio eletrónico para um determinado endereço de correio eletrónico, apresentado num LCD através do Arduino e, finalmente, enviado para um dispositivo androide próximo através de Bluetooth.

Além disso, este trabalho envolve a investigação de um sistema de marcação Dual Tone Multi Frequency (DTMF) que consiste basicamente na conceção, análise e implementação de sistemas de aquisição de dados, controlo de instrumentos e formas de onda. As combinações de ondas sinusoidais são primeiramente verificadas testando o conjunto de hardware do telefone utilizando o osciloscópio de raios catódicos. A conceção e a implementação deste trabalho são feitas com o software LabVIEW. Assim, são realizadas três experiências de simulação no LabVIEW. O primeiro teste é feito utilizando ficheiros .wav para observar os espectros individuais dos dígitos. O segundo teste é efectuado utilizando medições de tons para calcular as frequências dos tons do teclado. Será utilizado um marcador DTMF para a geração dos impulsos e para controlar as frequências dos impulsos enviados na experiência de medição de tons do instrumento virtual LabVIEW. Deste modo, assegurar-se-á o envio de um número fixo de frequências de cada vez. Finalmente, o terceiro consistirá num algoritmo de descodificação que será desenvolvido no relatório.

Capítulo 1
INTRODUÇÃO

Com o advento das novas tecnologias, os sistemas de comunicação começaram a tornar-se mais rápidos e mais fiáveis. Atualmente, existem principalmente dois tipos de comunicação: a comunicação analógica e a comunicação digital.

Num sistema de comunicação, a fonte transmite o sinal de entrada, que pode ser analógico ou digital, e o transmissor envia o sinal que percorre o canal de transmissão, o ruído, as interferências e as distorções que podem distorcer o sinal transmitido, razão pela qual a função do recetor é garantir que o sinal de saída seja o mais próximo possível do sinal de entrada transmitido, caso contrário o sinal recebido pode ser completamente diferente do que está a ser transmitido pela fonte.

1.1 Comunicações do porto

A Fig. 1.1 mostra o diagrama de blocos do sistema de comunicação porta-a-porta simplex proposto, que terá as características de um sistema de comunicação de linha e de rádio [1,2] e será criado no LabVIEW, incluindo todas as diferentes partes que estarão presentes e as diferentes funções dessas diferentes partes.

O processo que se desenrola em cada bloco é explicado a seguir:

1)Na primeira etapa do sistema, os dados que serão introduzidos para a transmissão terão a forma de uma cadeia de caracteres, que pode assumir a forma de apenas uma palavra, uma frase ou uma sentença.

2)Para evitar que qualquer pessoa indesejada veja e leia a sequência de palavras, será utilizada uma técnica chamada encriptação, ou seja, só a pessoa que tiver a chave que está a ser utilizada para encriptar a mensagem pode desencriptar e ler a mensagem.

3) A mensagem encriptada será então transferida para o recetor. Neste projeto, a mensagem será transmitida para uma porta através de uma porta de série para comunicação de porta, para um endereço de e-mail proposto, será também apresentada num ecrã LCD e, finalmente, enviada para um dispositivo Android.

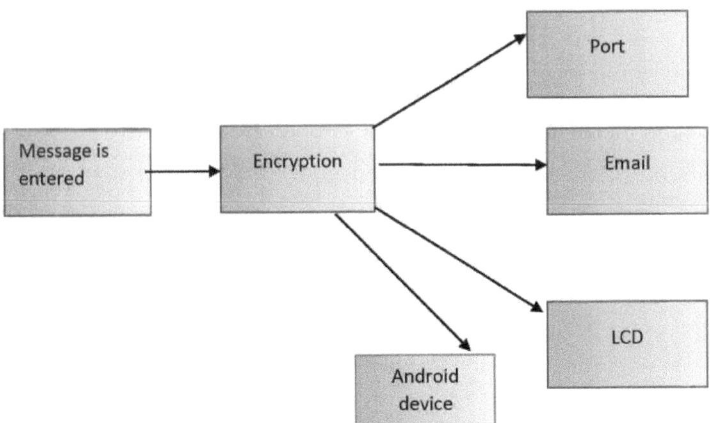

Fig. 1.1: Diagrama de blocos do sistema de comunicação proposto

1.2 Encriptação

Utilizamos a encriptação na nossa vida quotidiana sem sabermos porquê e quando. Com este mundo cheio de novas tecnologias, a encriptação está presente em quase todos os dispositivos que utilizamos. Por exemplo, os smartphones e os computadores que utilizamos diariamente recorrem à encriptação e à desencriptação. A encriptação é muito importante porque ajuda a conseguir uma coisa que é muito importante hoje em dia e que é a segurança dos dados [3,4].

Na cifragem e na decifragem, o que acontece é que um conjunto normal básico de caracteres, como uma palavra, por exemplo, é cifrado através de um algoritmo chamado cifra num conjunto de alfabetos ou símbolos impossíveis de compreender sem conhecer a chave especial que foi utilizada para cifrar o texto. O conjunto de caracteres obtido após a cifragem é designado por texto cifrado. Após a descodificação com a chave especial, o texto cifrado volta a ser o texto original e normal que foi enviado [4].

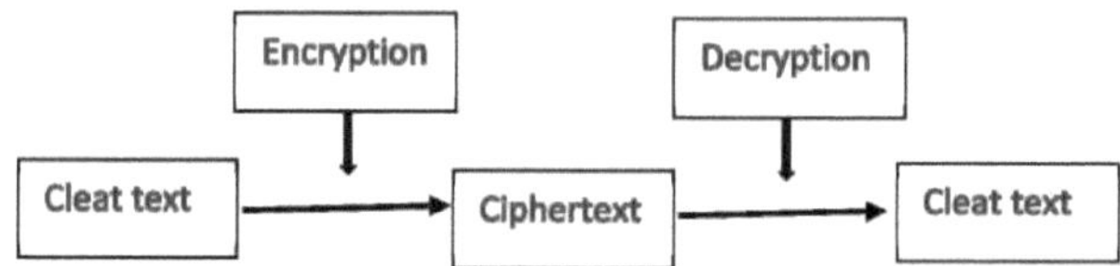

Fig. 1.2: Processo de encriptação e desencriptação

Existem 2 tipos de processos de encriptação que são mais utilizados em todo o mundo:

- Encriptação de chave privada;
- Encriptação de chave pública.

Encriptação de chave privada: Na encriptação de chave privada, a chave que é utilizada para encriptar o texto normal é a mesma chave que é utilizada para desencriptar o texto cifrado, não sendo necessárias duas chaves diferentes [4].

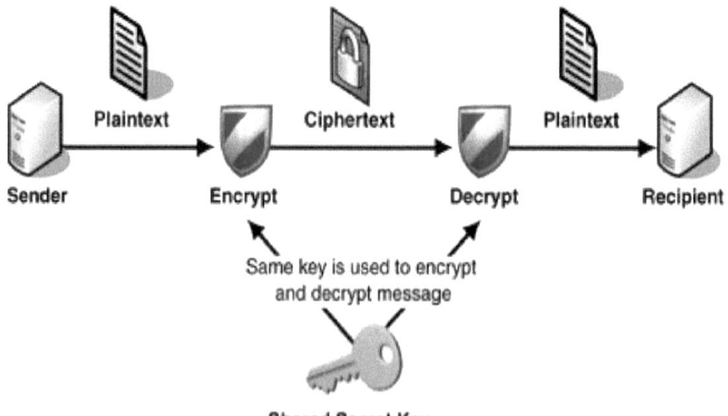

Fig. 1.3: Encriptação de chave privada

Encriptação de chave pública: Neste tipo de encriptação, é utilizada uma chave pública para a encriptação do texto normal e uma chave privada que só é conhecida pela pessoa responsável pela desencriptação do texto cifrado. Se essa pessoa quisesse reenviar uma mensagem cifrada, não poderia utilizar a chave privada, teria de utilizar a chave pública [4,5].

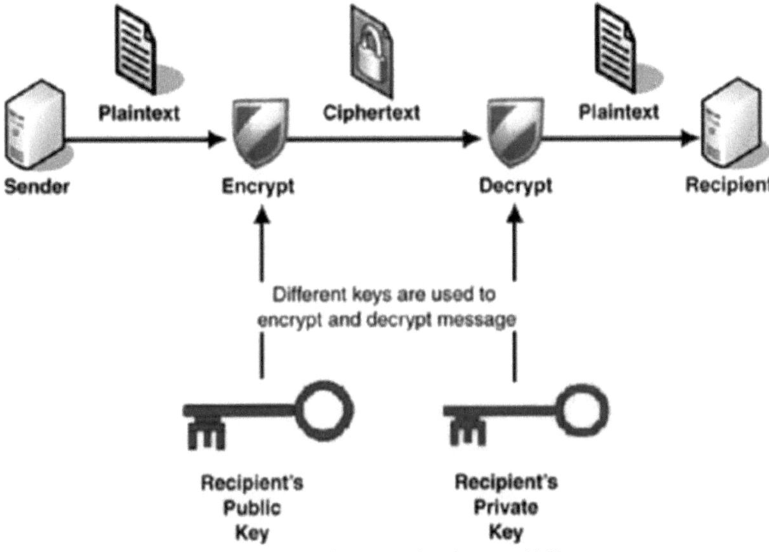

Fig. 1.4: Encriptação de chave pública

O objetivo deste trabalho é conseguir construir um sistema de comunicação no LabVIEW que envolva a transferência de dados sob a forma de uma cadeia de caracteres. A cadeia será encriptada de modo a maximizar a segurança dos dados e depois transferida através de 4 formas diferentes. A primeira será para uma porta, depois enviada por e-mail, apresentada num LCD e, por fim, o texto encriptado será enviado para um dispositivo Android através de Bluetooth. Para cumprir estes objectivos, os seguintes programas terão de ser construídos em LabVIEW:

- Um programa que permite a introdução de um texto e que é depois responsável pela sua cifragem com a técnica de cifragem necessária, sendo possível a escolha da chave de cifragem utilizada;
- Um programa que, em seguida, pegará no texto encriptado e transferi-lo-á para a porta sem quaisquer erros. O objetivo é utilizar aqui a comunicação entre portas série;
- Um programa que permite o acesso aos sistemas de correio eletrónico através dos servidores, e que nos permite enviar o texto encriptado através de um endereço de correio eletrónico para outro endereço de correio eletrónico sem quaisquer dificuldades;
- Um programa que liga o computador portátil a um dispositivo Android através de Bluetooth e que transmite o texto encriptado;
- A última parte é a mais importante, pois envolve hardware e software. A parte do hardware será responsável pela ligação do LCD ao computador e a parte do

software será responsável pela interface com o LCD, utilizando o LabVIEW. Os LCDs não podem ser ligados diretamente a um computador, uma vez que não existe uma porta direta que permita este tipo de ligação entre estes dois dispositivos

1.3 Marcação multifrequência de tom duplo em telefonia

O sistema telefónico é um dispositivo importante, uma vez que o seu marcador DTMF ajuda a gerar impulsos. Esta é a principal ação que tem lugar para além da entrada e saída de sinais de voz nos sistemas de telefonia. O marcador DTMF funciona como um controlo no sistema, uma vez que comanda o parâmetro de frequência. Estes são amplamente utilizados em muitas tecnologias electrónicas [6-8].

A investigação centrar-se-á nas frequências do teclado DTMF. A introdução de dígitos é variada e funciona como um controlo que nos ajuda a investigar e estudar as várias combinações de frequências das ondas sinusoidais geradas. Vamos concentrar-nos na marcação DTMF em comparação com a marcação por impulsos, que é mais utilizada atualmente. O diagrama de blocos de um aparelho telefónico normal é constituído essencialmente por vários componentes, como o circuito da campainha, o circuito do gancho que liga ou desliga, o circuito de equalização, o altifalante, o microfone, a rede híbrida, incluindo o circuito de marcação. O assinante pode emitir sinais que representam os dígitos através do circuito de marcação e, assim, o número de telefone de destino é introduzido pelo chamador. O circuito de marcação é geralmente rotativo, ou muitas vezes um circuito que marca eletronicamente, também conhecido como teclado tátil, enviando muitas misturas de tons que representam os dígitos que o utilizador digita e chama [7].

O trabalho de investigação consiste em implementar um sistema telefónico de marcação DTMF, analisar as formas de onda geradas e medir as frequências individuais. Por outras palavras, estamos a comparar os valores teóricos das frequências individuais das teclas com os valores práticos. O objetivo deste trabalho é garantir um desvio mínimo dos valores. O relatório concentrar-se-á nas frequências do teclado DTMF. A entrada de dígitos é variada e funciona como um controlo que nos ajuda a investigar e estudar as várias combinações das frequências das ondas sinusoidais geradas. Para garantir a eficiência da saída, é utilizado um microfone para detetar as ondas sonoras dos dígitos premidos.

Este projeto faz parte de três secções, nomeadamente

1. *Peça de hardware*

   Utilizando o hardware do telefone Beetel, a placa de circuito do telefone é testada e as combinações de formas de onda sinusoidais são verificadas.

2. *Conceção do sistema*

   A conceção do sistema consiste na conceção do software. Este será composto por três VIs. O primeiro mostrará a presença de espectros individuais utilizando ficheiros .wav. O segundo será para medir os tons para calcular as frequências do tom do teclado. Finalmente, o último será utilizado para demonstrar o algoritmo de Goertzel.

3. *Discussões de resultados*

   Este procedimento permite analisar a saída do sistema e comparar os valores teóricos com os valores práticos.

Capítulo 2
VISÃO GERAL DAS COMUNICAÇÕES DA PORTA SÉRIE E DA MARCAÇÃO DTMF

2.1 Visão geral das comunicações seguras da porta de série

A Fig. 2.1 mostra o sistema de comunicação proposto em LabVIEW e Arduino, cada etapa será mostrada por meio de um diagrama de blocos. Nesta secção, o diagrama de blocos é revisto e são analisados os possíveis conceitos que podem ser utilizados para implementar cada bloco.

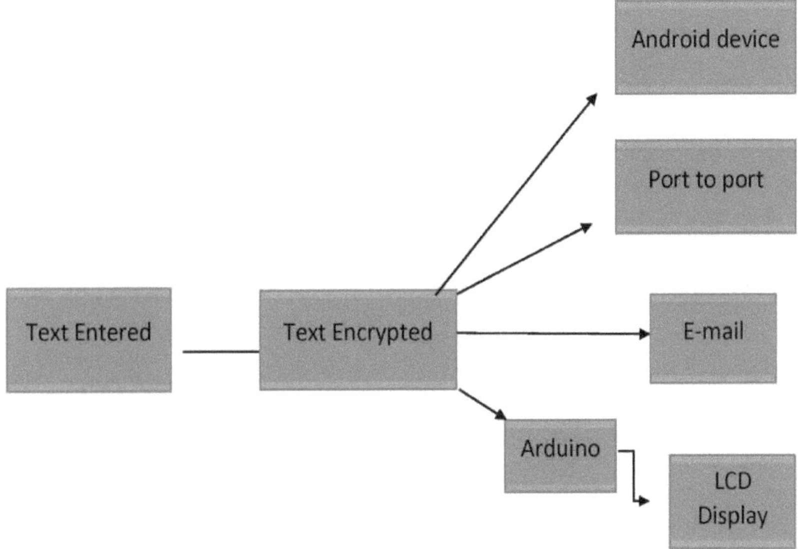

Fig. 2.1: Diagramas de blocos do sistema de comunicação com encriptação em LabVIEW

É introduzido um texto no painel frontal do programa, esse texto é depois encriptado utilizando uma técnica de encriptação para melhorar a privacidade e a segurança dos dados e, em seguida, esse texto encriptado é enviado para outra porta através de comunicação porta-a-porta, depois o texto encriptado é enviado por correio eletrónico para outro endereço de correio eletrónico, é também enviado para um dispositivo Android e, finalmente, com a ajuda de uma placa Arduino, esse texto encriptado é apresentado num LCD 16x2.

Uma vez que todo o sistema de comunicação será criado no LabVIEW, será utilizado o termo VI em vez de programa. Os programas LabVIEW são designados por Instrumentos Virtuais (VI). E os sub VIs são mais pequenos que serão integrados no programa principal.

O sistema completo pode ser dividido em 5 sub VIs, nomeadamente:
- Entrada de cadeias de caracteres e encriptação
- Comunicação porta-a-porta

- Correio eletrónico
- Ecrã LCD
- Transferência Bluetooth para um dispositivo androide

2.1.1 <u>Tipo de dados a utilizar para a transmissão</u>

Uma das primeiras decisões importantes para o projeto foi o tipo de dados a transmitir. Diferentes tipos de dados:

- Um ficheiro - pode ser qualquer coisa, desde uma imagem em JPEG a um mp3
- Um número inteiro - poderia ser um número como "2", "45", "999", por exemplo
- Um texto - sob a forma de uma mensagem como "Olá" ou "Como estás?"

Para este trabalho, o objetivo era transmitir algo que tivesse sentido e que estivesse protegido por uma forma de encriptação, com o ficheiro, a encriptação é limitada e o tamanho do ficheiro para a transmissão também poderia causar problemas e para a utilização apenas de números inteiros, enviar uma mensagem utilizando números é muito difícil, pois teríamos dificuldades em compreendê-la. A última opção, que parece ser a melhor, é o envio de textos, que podem ser encriptados e até mesmo acompanhados de números. Desde há muito tempo que as pessoas comunicam entre si através de textos, seja por carta ou, atualmente, enviando um SMS a outra pessoa.

2.1.2 <u>Escolha do algoritmo de encriptação</u>

O texto que ia ser transmitido tinha de ser encriptado de modo a que, se alguém visse a mensagem, não a pudesse compreender sem saber qual a cifra utilizada e qual a chave utilizada. Existem muitos algoritmos de encriptação.

Cifra de transposição [3]

Neste tipo de cifra, as letras da palavra a cifrar são simplesmente deslocadas de uma certa forma, que é fixada por uma regra. Por exemplo, se quisermos cifrar "A boy" com transposição, o texto cifrado seria "yob A", mas uma outra forma de o fazer daria o seguinte texto cifrado "A yob".

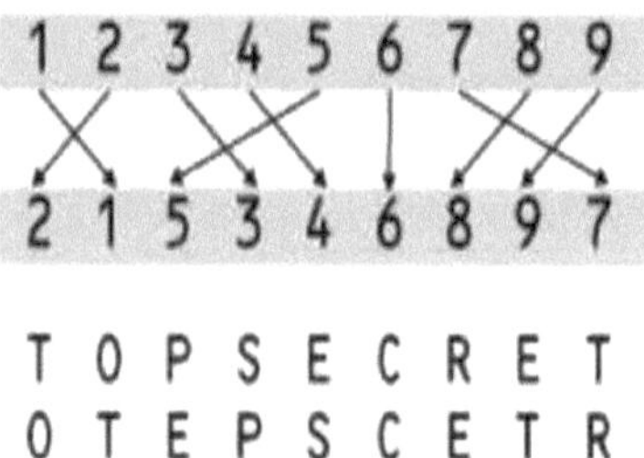

Fig. 2.2: Cifra de transposição

No exemplo acima, o texto "TOPSECRET" foi transformado em "OTEPSCETR", respeitando a regra estabelecida pelos números de 1 a 9.

Cifra Pigpen [4]

Na cifra Pigpen, cada letra do alfabeto é representada por um símbolo. O texto simples é transformado numa série de símbolos em que cada símbolo representa um alfabeto.

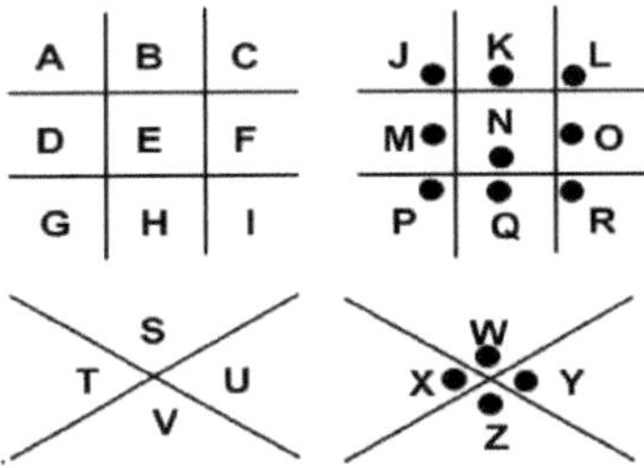

Fig. 2.3: Diferentes símbolos utilizados na cifra Pigpen

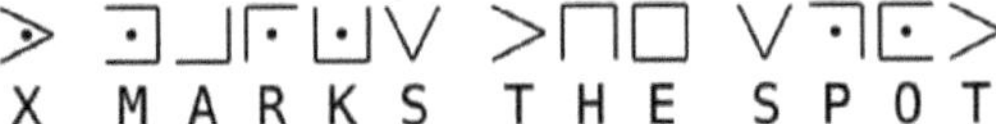

Fig. 2.4: Exemplo de cifra Pigpen

Cifra de César [5]

A cifra de César, também conhecida como cifra de deslocamento, é uma técnica de cifragem em que as letras de um texto simples são deslocadas em função de uma determinada chave, que foi decidida como se mostra na Fig. 2.5. Essa chave pode variar, cabendo ao remetente decidir qual a chave que vai utilizar. A chave é um número de 1 a 26 que corresponde ao deslocamento para a direita de cada alfabeto.

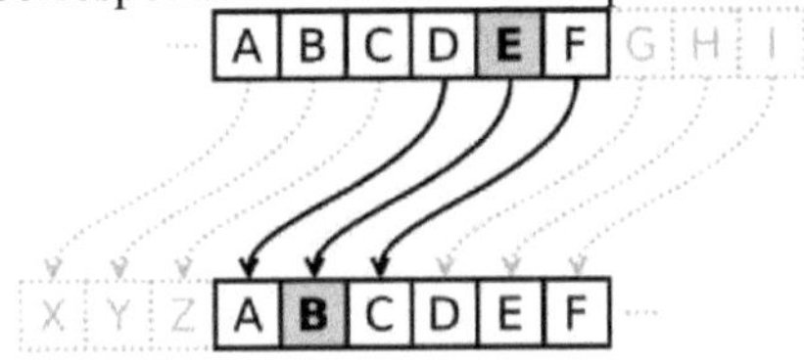

Fig. 2.5: Cifra de César

A chave no exemplo é 3, cada alfabeto é deslocado 3 alfabetos para a direita. A palavra "A boy" tornar-se-ia "D erb". Só conhecendo a chave, o texto cifrado poderia ser revertido para o texto simples. Quando chegou a altura de escolher uma cifra adequada para o sistema de cifragem, era necessário uma cifra que fosse fácil de cifrar e de decifrar e que não fosse demasiado difícil para o utilizador. A cifra de César satisfaz estas condições. A cifra pigpen, por exemplo, seria um problema, uma vez que estes símbolos são muito difíceis de introduzir no computador, tal como a cifra de transposição parece ser uma cifra demasiado simples. A cifra de César também não é assim tão complicada, mas a probabilidade de encontrar a chave correcta é de 1/26 e tentar cada chave levaria muito tempo.

2.1.3 Comunicações porta a porta de série

Quando se refere ao aspeto físico de um computador, uma porta de hardware ou uma porta periférica é um orifício ou uma ligação que se encontra na parte frontal, traseira ou lateral de um computador. Por exemplo, as portas são utilizadas para aceder a outros dispositivos, como impressoras, mas também podemos ligar-nos a outro computador utilizando a sua porta, por exemplo [1].

Na comunicação em série, os dados transferidos são transmitidos bit a bit. No caso da comunicação porta-a-porta de série, seria necessário apenas um fio para ligar dois dispositivos, por exemplo. A comunicação em série pode não ser tão rápida como se espera, mas é fiável. Mesmo que a comunicação paralela seja mais rápida do que a comunicação em série, o objetivo do projeto é simular a comunicação entre duas portas (por exemplo, a porta 1 e a porta 3) de um computador, pelo que a comunicação porta a porta de série é adequada e as ferramentas necessárias encontram-se no LabVIEW, que será o software no qual o sistema de comunicação será criado.

No programa principal do LabVIEW, o texto encriptado será enviado para o dispositivo Android. Basicamente, a maioria dos programas andróides utiliza Java como linguagem de programação principal, mas os programas também podem ser escritos em C e C++ com o Android Native Development Kit, mas para a Google, proprietária do Android, a utilização do NDK não será benéfica para os programas andróides. Neste trabalho, será necessária uma aplicação androide simples que possa receber dados. O Bluetooth será utilizado para enviar o texto do programa principal para o dispositivo android. Tanto o dispositivo em que o programa será executado como o dispositivo do outro lado do programa terão de ser compatíveis com o Bluetooth, que é uma norma tecnológica sem fios utilizada para enviar e receber dados entre diferentes dispositivos a curtas distâncias.

Um dispositivo Bluetooth utiliza ondas de rádio em vez de fios ou cabos para estabelecer ligação a um telemóvel ou computador. Um produto Bluetooth, como um telemóvel ou um tablet, tem um pequeno chip de computador com um rádio Bluetooth e software que facilita a ligação. Quando dois dispositivos Bluetooth querem comunicar um com o outro, precisam de emparelhar. A comunicação entre dispositivos Bluetooth é efectuada através de redes ad hoc de curto alcance, conhecidas como Piconets. Uma Piconet é um conjunto de dispositivos ligados através da tecnologia Bluetooth. Quando uma rede é criada, um dispositivo torna-se mestre enquanto todos os outros dispositivos actuam como escravos [12].

2.1.4 Ecrã LCD

O ecrã de cristais líquidos (LCD) é um ecrã visual eletrónico que utiliza as propriedades de modulação da luz dos cristais líquidos. Os LCDs são utilizados para apresentar imagens arbitrárias, como palavras, dígitos e gráficos em circuitos electrónicos. Estas imagens são constituídas por pequenos pixéis. Os LCD estão disponíveis em diferentes tamanhos e são utilizados numa vasta gama de aplicações, incluindo monitores de computador, televisores, painéis de instrumentos e ecrãs de cockpit de aviões. Todos os LCD utilizam a mesma tecnologia, mas os LCD podem ser ligados de duas formas: em série ou em paralelo.

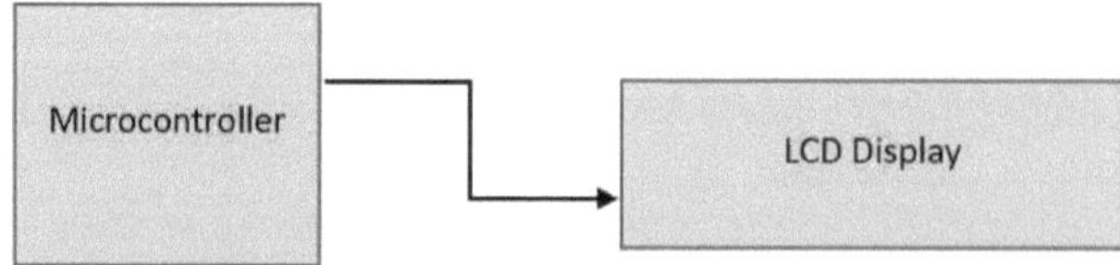

Fig. 2.6: Diagrama de blocos do modo de transferência em série

O modo de transferência em série utiliza apenas uma única linha de dados para transferir dados para o LCD, como mostra a Fig. 2.6. Considerando o diagrama de blocos acima, é transferido um bit de dados de cada vez e este processo é bastante mais lento quando há muitos dados para apresentar. A principal vantagem é que é fácil de ligar e poupa pinos no microcontrolador para outras utilizações.

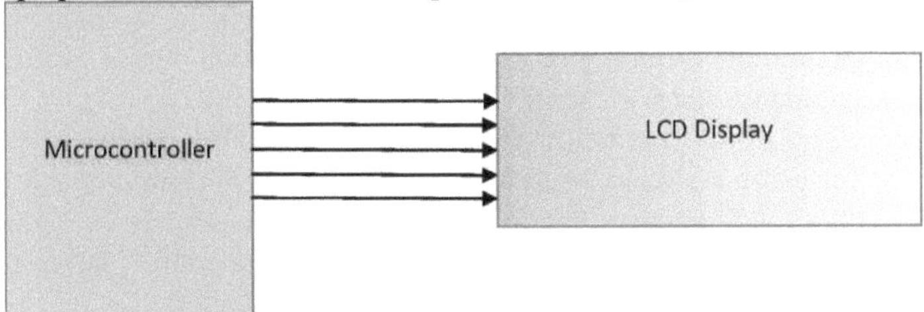

Fig. 2.7: Diagrama de blocos do modo de transferência paralela

Por outro lado, o modo de transferência paralela utiliza várias linhas de dados para transferir dados para o ecrã. Neste caso, considerando o diagrama de blocos da Fig. 2.7, os dados são enviados utilizando sete linhas de dados. Como tal, a transferência de dados é mais rápida em paralelo do que em série.

Para este trabalho, será utilizado o LCD PC 1602F [13]. O PCF 1602 pode apresentar trinta e dois caracteres em duas linhas, cada linha pode suportar um máximo de dezasseis caracteres. A sua folha de dados está disponível em anexo para mais pormenores. Além disso, como o modo de transferência paralelo é mais rápido e é suportado pelo Arduino, é o modo de transferência que será utilizado. O LCD pode ser ligado ao microcontrolador utilizando até 8 linhas de dados, ou seja, D0 a D7, para a transferência paralela de dados.

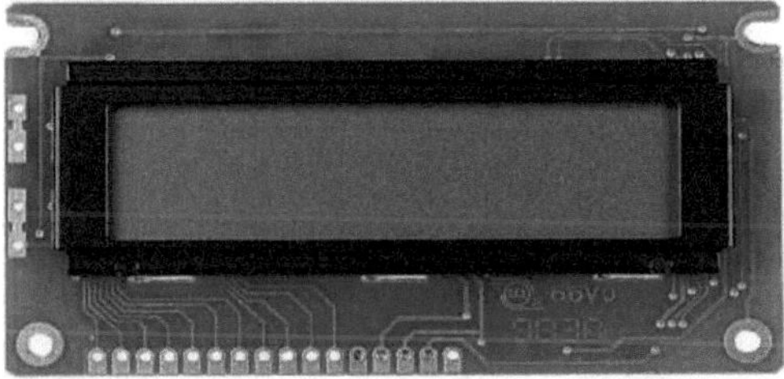

Fig. 2.8: Um LCD Powertip PC 1602F

2.1.5 LabVIEW® e Arduino

Basicamente, o LabVIEW [17] é um software de programação, tal como o Codeblocks, que é um software de programação para programação C++ e C, mas o tipo de programação envolvido no LabVIEW é diferente da programação básica em que são escritas linhas de código. Neste caso, é utilizada uma linguagem de programação gráfica (G) que utiliza um modelo de fluxo de dados em vez de linhas sequenciais de código de texto. Permite-nos criar um código funcional utilizando um esquema visual que é o reflexo dos nossos pensamentos e imaginação. O utilizador não tem de se preocupar com a sintaxe, como acontece com outras linguagens de programação, como Java ou C++. O LabVIEW é como uma combinação do Livewire, que é um software utilizado para simular circuitos electrónicos e eléctricos, e do Codeblocks, como já foi referido, que é uma ferramenta de programação.

O outro software que vai ser utilizado é o Arduino, uma vez que para o LCD ser ligado ao computador tem de passar por uma placa Arduino que é depois ligada ao computador através da porta USB. O software Arduino também vem com uma placa que é uma placa de microcontrolador. Estas placas podem ler entradas como, por exemplo, a luz de um sensor e transformar essa entrada numa saída, como a apresentação de uma mensagem num LCD.

Neste trabalho, será utilizada uma placa Arduino Uno para ligar o LCD à placa Uno, que é um dos vários tipos de placas Arduino existentes. É constituída por 14 pinos de entrada/saída digitais, 6 entradas analógicas, *um* cristal de quartzo *de 16* MHz, uma ligação USB, uma tomada de alimentação, um conetor ICSP e um botão de reset. Tem tudo o que é necessário para suportar o microcontrolador [14,15].

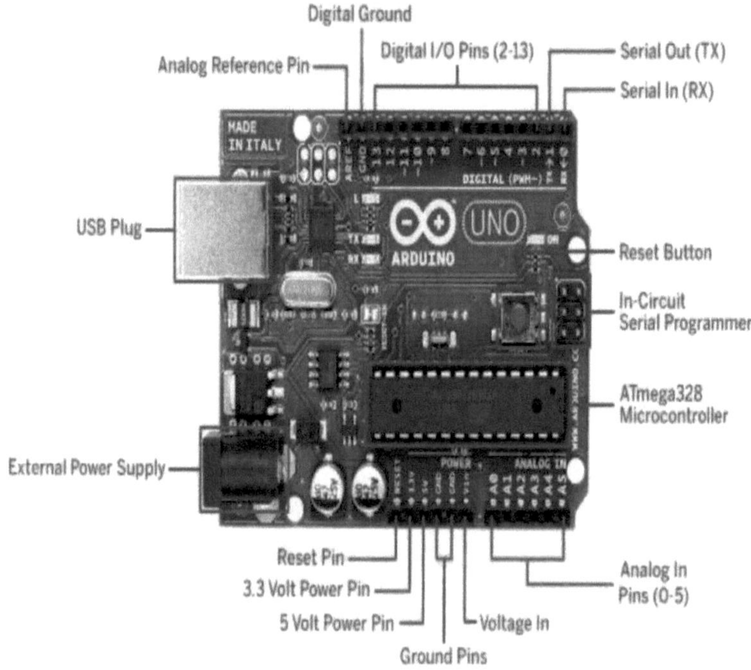

Fig. 2.9: Placa Arduino Uno

2.2 Visão geral do sistema de marcação DTMF

O teclado DTMF do telefone é ordenado como uma matriz 4x4 que compreende os botões de pressão, incluindo a linha individual que representa a parte de baixa frequência e a coluna individual que representa a parte de alta frequência encontrada nos sinais DualTone Multi-Frequency [9-11,16]. Quando as teclas são premidas, é enviada uma integração das frequências da linha e da coluna. Para dar um exemplo, a tecla 1 sobrepõe-se a tons com frequências de 697 Hz e 1209 Hz para produzir uma onda sinusoidal. A Fig. 2.10 mostra como isto é conseguido.

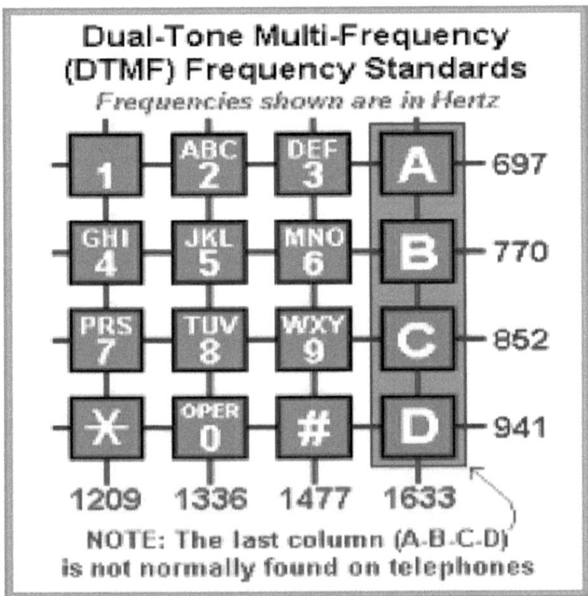

Fig. 2.10: Padrões de frequência DTMF

Os sinais DTMF podem ser utilizados em muitas áreas e têm diferentes funções em secções específicas. Estas são enumeradas a seguir:

(1) Correio de voz

(2) Serviços de assistência

(3) Banca telefónica

(4) Acesso remoto ao computador

(5) Controlo remoto dos aparelhos

(6) Verificação e consulta de cartões de crédito

(7) Recuperação de mensagens do atendedor de chamadas

2.2.1 Sistema básico de aquisição de dados

Basicamente, a aquisição de dados recolhe formas de onda de sinalização de fontes de medição, digitaliza as formas de onda para armazenamento, analisa os sinais e, em seguida, apresenta estes últimos através de um computador pessoal [18].

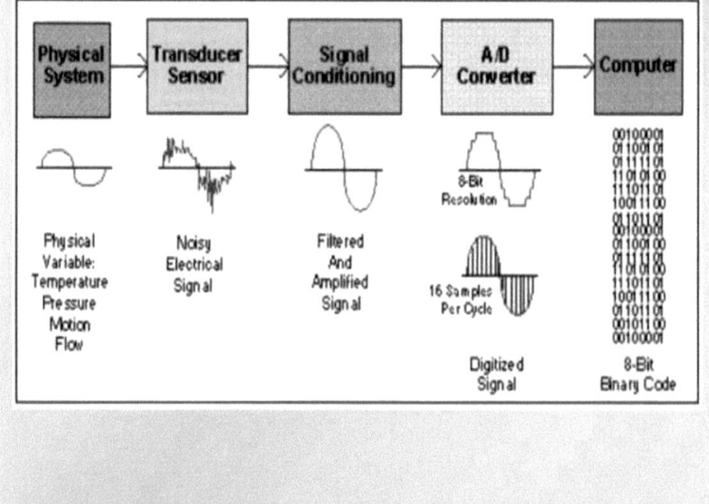

Fig. 2.11: Sistema de aquisição de dados

Existem cinco elementos que têm de ser tidos em consideração para a construção de um sistema básico de aquisição de dados. Estes são principalmente

(i)   Transdutores e sensores
(ii) Sinais
(iii) Condicionamento do sinal
(iv) Hardware DAQ
(v)   Software de controladores e aplicações

(i) Transdutores / Sensores

A aquisição de dados é inicializada pelo fenómeno físico a ser medido. Um exemplo inclui o fenómeno físico que é a temperatura de uma sala. Todos os diferentes fenómenos são medidos por uma aquisição de dados eficaz. Um transdutor, por definição, é um dispositivo que envolve a conversão desta quantidade num sinal elétrico que pode ser medido, como a tensão ou a corrente. Os transdutores são geralmente semelhantes aos sensores encontrados na organização de aquisição de dados. A Tabela 2 abaixo mostra alguns fenómenos comuns e transdutores de medição.

Tabela 2.1: Fenómenos e transdutores existentes no sistema

Fenómenos	Transdutor utilizado
Temperaturas	Termómetros
Luzes	LDRs
Sons	Microfones
Forças e Pressões	Medidores de tensão
Posições e Deslocações	Potenciómetro
Acelerações	Acelerómetros
pHs	Eléctrodos de pH

No nosso caso, o fenómeno a investigar será o som e o transdutor correspondente será o software de microfone que se encontra no LabVIEW VI.

(ii) Sinais

O fenómeno físico acima mencionado é assim transformado num sinal mensurável e quantificável por um transdutor adequado. No entanto, vários sinais são medidos de formas não semelhantes. Os sinais são basicamente classificados em duas secções, nomeadamente

-Analógico

- Digital

Sinal analógico

Os sinais analógicos são aleatórios em função do tempo. O seu valor é indefinido. Por exemplo, os sinais analógicos são o som, a pressão, a temperatura, a tensão, incluindo a carga. As primeiras propriedades principais são o nível, a forma e a frequência.

Os sinais digitais geralmente não têm quaisquer valores. Em alternativa, têm apenas dois valores, ou seja, alto ou baixo. O estado e a taxa podem ser medidos a partir de sinais digitais.

(iii) Condicionamento de sinais

O condicionamento dos sinais é muito importante para um sistema de aquisição de dados eficaz e produtivo, tendo em consideração a alta tensão, o ambiente ruidoso e, em última análise, o sinal alto ou baixo. No nosso sistema, não é utilizado hardware NI DAQ e tudo é baseado em software.

(iv) Componentes de hardware de aquisição de dados

Os hardwares DAQ são os conectores do computador e os outros componentes. Para o nosso projeto, não haverá dispositivo DAQ porque o telefone Beetel será primeiro investigado usando o osciloscópio de raios catódicos (CRO) e depois o marcador dtmf será apenas baseado em software.

(v) Drivers e aplicações Componentes de software

A plataforma de software LabVIEW converte os dados num sistema completo de aquisição de dados, analisa e apresenta o objeto [18].

Na marcação dtmf, existe um algoritmo conhecido como Algoritmo de Goertzel. O algoritmo de Goertzel é a computação do valor complexo, saída do domínio da frequência [26]. A Fig. 2.12 abaixo demonstra o algoritmo de Goertzel.

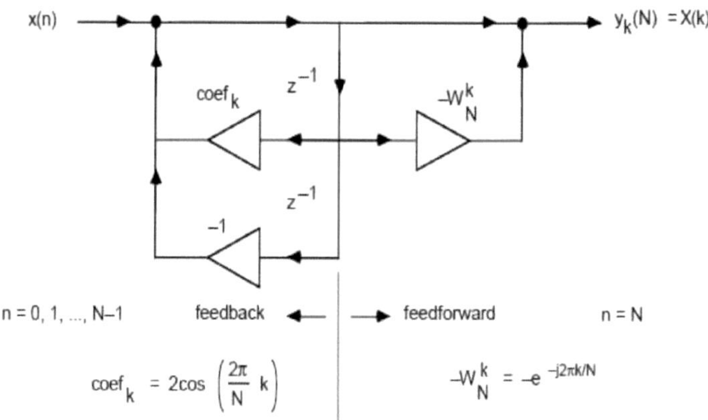

Fig. 2.12: Algoritmo de Goertzel

Os N itens de dados de saída encontrados num buffer são calculados a partir de um buffer de N itens de dados de entrada por uma DFT ou FFT. Quando são utilizadas FFTs, os valores de N são limitados à potência radix de 2. Quando uma FFT de N pontos é avaliada, as N amostras de saída são dadas como:

X(k), em que k pode assumir valores de: 0, 1, 2,..., N-1

Os valores de k podem ser qualquer número inteiro no intervalo de 0,1,2, ...,N-1.

A frequência efectiva a que k corresponde depende do valor da frequência de amostragem, sendo N calculado do seguinte modo

$$\left(\frac{f_{tone}}{f_{sampling}} \right) = \frac{k}{N}$$

following formula:
or
$$k = \left(\frac{N}{f_{sampling}} \right) \bullet f_{tone}$$

em que f_{tone} é a frequência do tom e k é um valor inteiro.
A frequência do sinal de amostragem é colocada como 8000Hz (8 kHz) pelos sistemas de telefonia. O erro absoluto k é dado como mostrado:

$$\text{absolute k error} = \left| \left(\frac{Nf_{tone}}{f_{sampling}} \right) - \text{CLOSEST INTEGER} \left(\frac{Nf_{tone}}{f_{sampling}} \right) \right|$$

2.2.2 Projectos baseados em DTMF
(1) Controlador Dtmf para melhoria da eficiência de uma célula fotovoltaica e sistema de controlo operado por relé.
Em maio/junho de 2012, Roshan Ghosh, do departamento de Engenharia Eléctrica da Universidade TRIPURA, Tripura, Índia, escreveu um artigo para o International Journal of Engineering Research Applications. O artigo [19] baseia-se numa técnica de controlo que utiliza o tom DTMF gerado quando o utilizador prime os botões ou quando um sistema móvel remoto é ligado a ele. Este controlador baseado em DTMF controla assim a função de múltiplos relés e é utilizado para melhorar a eficiência de uma célula PV (fotovoltaica) que regula a tensão de circuito aberto da célula. Esta experiência foi efectuada utilizando o software LabVIEW 7.1. Neste sistema, o utilizador tem de selecionar dois valores de frequência diferentes a partir de duas listas de matrizes diferentes que contêm os valores de frequência. Assim, para medir os espectros, o valor mais elevado da Transformada Rápida de Fourier e a quantificação do valor do som calculam separadamente as propriedades do tom disponíveis na parte da quantificação do tom. Ao comparar diferentes intervalos de amplitude de tons medidos na secção de operação de relés, 12 relés diferentes que actuam como interruptores são operados quando 12 teclas diferentes são pressionadas no teclado DTMF. Em seguida, o mesmo teclado DTMF é utilizado como tensão de circuito aberto (Voc) da regulação da célula fotovoltaica para que haja uma melhoria na eficiência da célula fotovoltaica. Como resultado, são tabuladas a geração das amplitudes dos tons e a gama de comparação das amplitudes dos tons para esta tarefa. Esta experiência demonstra como múltiplos relés são operados e controlados quando o utilizador pressiona as teclas do teclado DTMF.
(2) Sistema de domótica controlado por dtmf
Este projeto provém do núcleo de eletrónica [20]. O objetivo deste trabalho é controlar aparelhos como a luz e a ventoinha, que utilizam a tecnologia DTMF. No telemóvel, o

codificador dtmf está presente e o descodificador é o IC HT9107B. Quando o utilizador carrega num botão do telemóvel, é gerado um tom,
o descodificador IC descodifica-o e passa depois para o controlador ATMEGA8. A entrada é então verificada pelo controlador e é produzida a saída de acordo com o código escrito. Um IC descodificador é constituído por um amplificador operacional incorporado. O telemóvel envia um tom para o amplificador operacional através de uma série de resistências e condensadores. O circuito funciona assim que é alimentado. Quando o utilizador carrega na tecla "1" do teclado do telemóvel, o tom é descodificado pelo CI descodificador e é produzido 1(0001). Este vai para o microcontrolador onde é produzida uma saída alta. O circuito é comutado pelo relé e a ventoinha é assim ligada. Se o utilizador premir a tecla "2" do teclado do telemóvel, a ventoinha desliga-se. Depois, se o utilizador premir a tecla "3", a luz acende-se e se premir "4", a luz desliga-se, respetivamente [20].

(3) Carro de brinquedo operado por telemóvel por dtmf

Este artigo [21] foi publicado no International Journal of Scientific and Research Publications, Volume 3, Issue 1, janeiro de 2013 por 4 pessoas, nomeadamente Sabuj Das Gupta, Arman Riaz Ochi, Mohammad Sakib Hossain e Nahid Alam Siddique. Esta tarefa centra-se num carro de brincar. Um telemóvel controla-o fazendo chamadas para o telemóvel ligado ao carro. Ao longo de todo o processo, quando o utilizador prime o botão, é emitido um som correspondente à tecla premida na extremidade seguinte da chamada. Este som ouvido é o DualTone Multiple Frequency (DTMF), que, com a ajuda do telefone montado no automóvel, é captado pelo mesmo. Através de um descodificador DTMF MT8870, o microcontrolador (ATmega16) processa o tom recebido. O tom Dual-Tone Multiple Frequency é então descodificado no seu dígito binário equivalente pelo descodificador e o microcontrolador recebe este número binário. Em seguida, é feita a programação do microcontrolador, que decide qualquer entrada e a decisão é enviada para os controladores dos motores, para que estes possam acionar os motores para a frente, para trás, para a esquerda ou para a direita. É por isso que não é necessária a construção de unidades receptoras e transmissoras [21].

(4) Máquina de voto baseada em telemóvel

Um projeto importante baseou-se na máquina de votação dirigida por um telemóvel, realizado por Nikhil, Hemant Kumar, Priyanshu Chauhan, do Departamento de Engenharia Eletrónica e das Comunicações da Universidade de Kurukshetra. Este trabalho [22] baseia-se no controlo do microcontrolador ATMEL AT89C51 e um descodificador DTMF CM8870 descodifica os tons da chave do telemóvel. Para o armazenamento da memória, é utilizada a EEPROM. Assim que a alimentação é ligada, a mensagem wait aparece no ecrã LCD. Além disso, digita-se #22 seguido do número do candidato para introduzir o voto, sendo 22 a palavra-passe do sistema. Se a votação for bem sucedida, aparece no ecrã LCD a mensagem "inválido". O botão é premido na placa de circuito impresso para verificar o número de votos. Assim, a quantidade de votos para um determinado candidato e a soma dos votos aparecem no ecrã de cristais líquidos. Finalmente, para reiniciar o microcontrolador, existe uma tecla de retificação [22].

Capítulo 3
ANÁLISE E CONCEPÇÃO DE SISTEMAS
3.1 Comunicações seguras da porta de série
A conceção de software é o processo de resolução de problemas e de planeamento de um problema de software. Trata-se de um aspeto muito importante, uma vez que o LabVIEW e o microcontrolador Arduino não podem funcionar sem as instruções e os códigos de programação que lhes são fornecidos. O LabVIEW é o núcleo do trabalho, pois é nele que será construído o sistema de comunicação da Fig. 3.1. O sistema de comunicação foi dividido em 5 blocos diferentes. A conceção utilizada para cada bloco será analisada e explicada um a um, nomeadamente por esta ordem:

1. Entrada de cadeias de caracteres & Encriptação;
2. Comunicação de porta a porta de série;
3. Correio eletrónico;
4. Dispositivo Android;
5. Ecrã no LCD

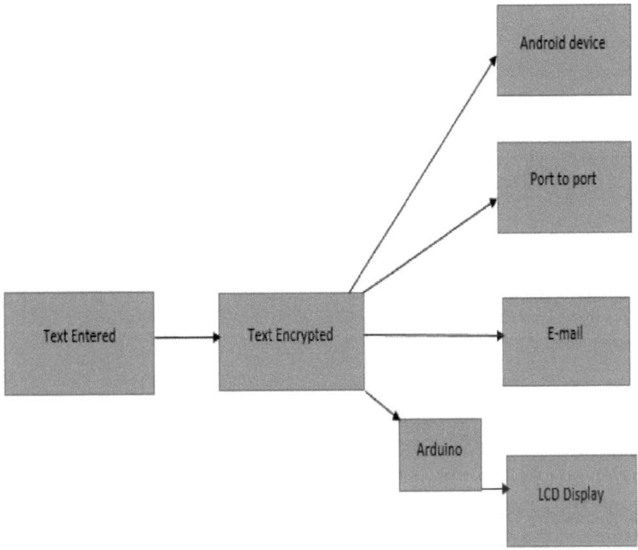

Fig. 3.1: Sistema de comunicação por porta série

3.1.1 Entrada de cadeias de caracteres e encriptação
A Fig. 3.2 mostra o diagrama de blocos do instrumento virtual (VI) LabView, que será responsável pela entrada e saída da cadeia de caracteres, mas também pela parte em que a cadeia de caracteres será encriptada utilizando a cifra de César [4,30]. Basicamente, o que a cifra de César faz é deslocar as letras da cadeia de acordo com uma certa magnitude que é escolhida pelo próprio utilizador, por exemplo, a letra 'a' tornar-se-ia 'b' com um deslocamento de um.

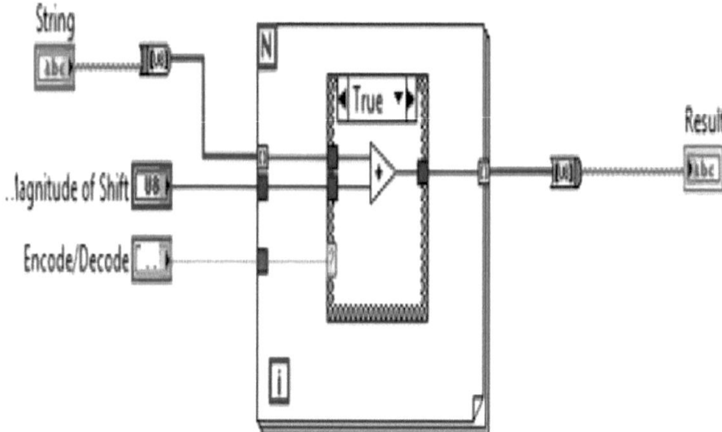

Fig. 3.2: VI para a entrada da cadeia de caracteres e cifragem e decifragem da cifra de César

3.1.2 Transferência de texto encriptado para um dispositivo Android

Para este trabalho, haverá 2 partes de software, a primeira é a desenhada na Fig. 3.3, que é responsável pelo envio do texto cifrado para o dispositivo androide no LabVIEW e a segunda será o programa androide que será responsável pela ligação com o programa no LabVIEW e pela leitura e visualização do texto.

3.1.3 Transferência do texto cifrado por comunicação porta a porta de série

Aqui, o texto cifrado será enviado de uma porta serial com para outra, a transferência não será feita fisicamente mas haverá uma simulação da transferência entre 2 portas com no mesmo computador com um programa chamado "Free virtual serial ports" que cria uma ponte entre 2 portas com no computador, depois usando outro programa chamado "Hercules", o utilizador poderá ver o que está a ser recebido na outra extremidade da ponte.

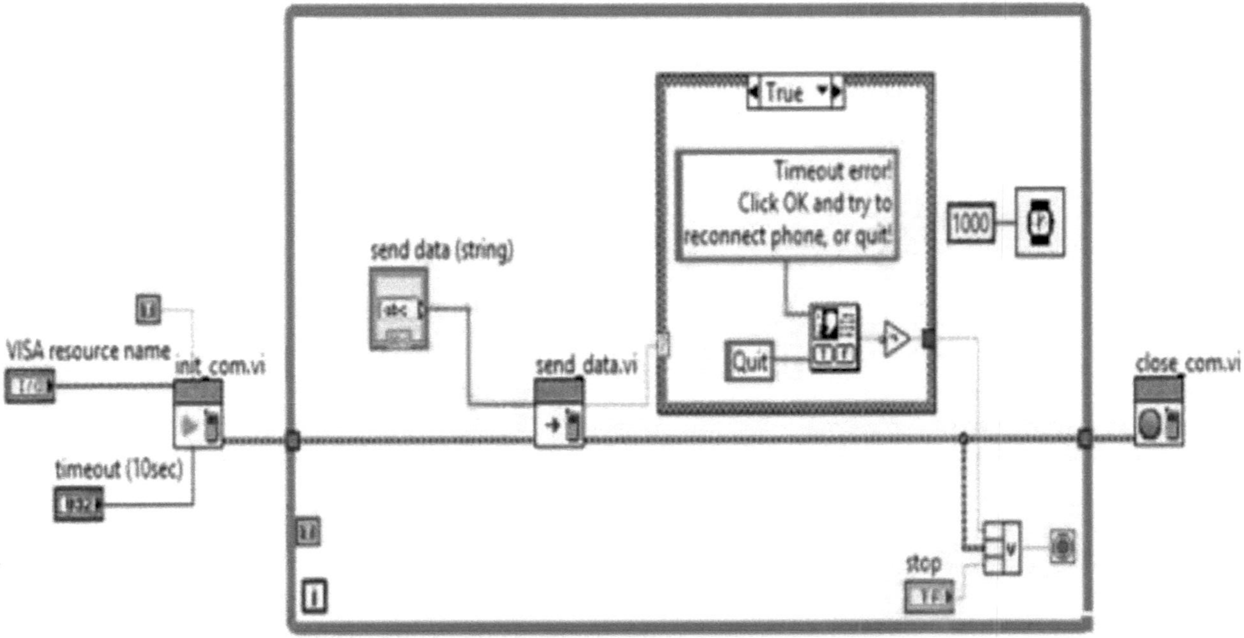

Fig. 3.3: VI para o envio do texto encriptado para o dispositivo android via Bluetooth

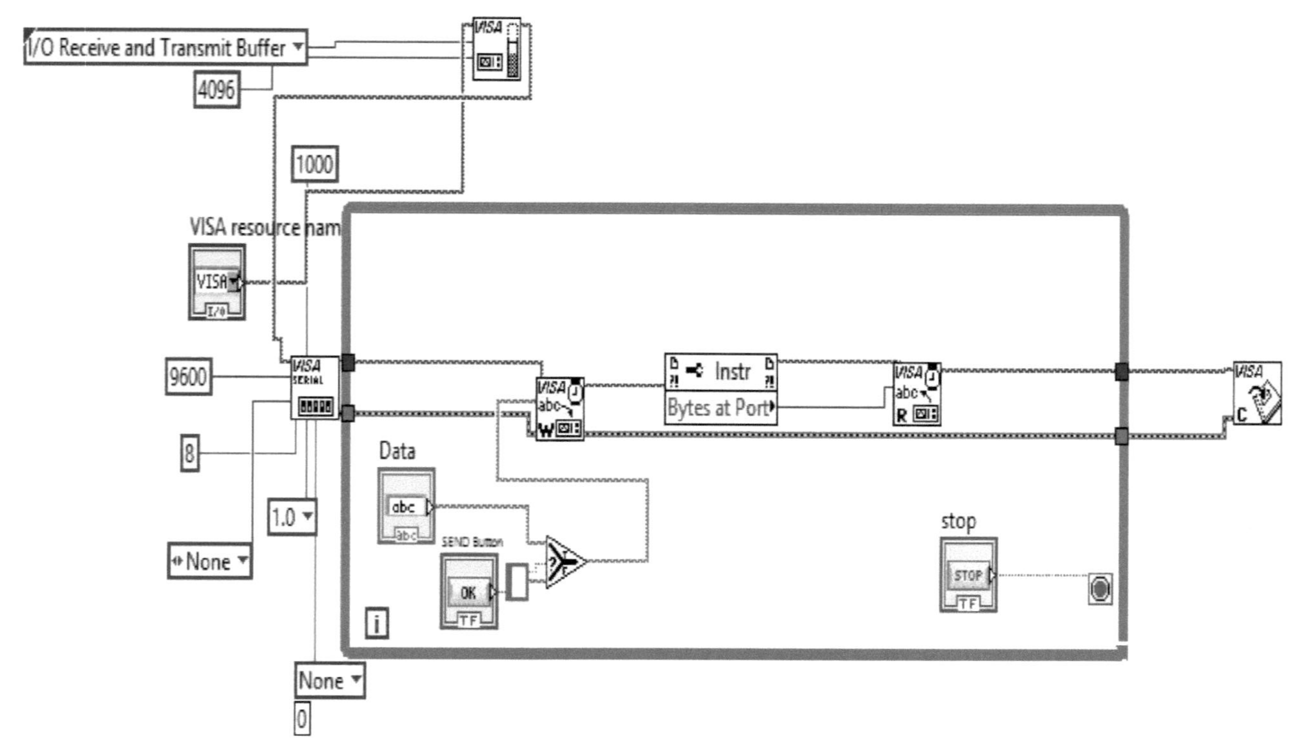

Fig. 3.4: VI para a transferência de dados da porta série para a porta série

3.1.4 *Transferência por correio*

O sistema de correio eletrónico é bastante complexo, como mostra a Fig. 3.5, pelo que, para simplificar a explicação do que está a acontecer, o VI foi dividido em duas partes. A primeira parte inclui a autenticação do cliente e a segunda parte inclui todos os dados introduzidos, como os endereços de correio eletrónico, os nomes e o próprio correio eletrónico a enviar. O LabVIEW utiliza um protocolo chamado SMTP (Simple mail transfer protocol) para enviar correio eletrónico para diferentes servidores de correio eletrónico, como o G-mail ou o Yahoo, por exemplo. Os blocos de construção STMP oferecidos pelo software são utilizados para construir um programa eficiente que é utilizado para enviar correio eletrónico.

3.1.5 *Ecrã LCD*

O projeto do LCD divide-se em duas partes, como ilustrado na Fig. 3.6 (a) e (b). A primeira parte incluirá o VI concebido no LabVIEW, que será responsável pela receção e transferência dos dados para o LCD, e a segunda parte incluirá o projeto do hardware para ligar o LCD ao computador. Para este trabalho, será necessário não só o LabVIEW, mas também o Arduino [14,15]. Para conceber o sistema de marcação DTMF, são utilizados os três softwares seguintes:

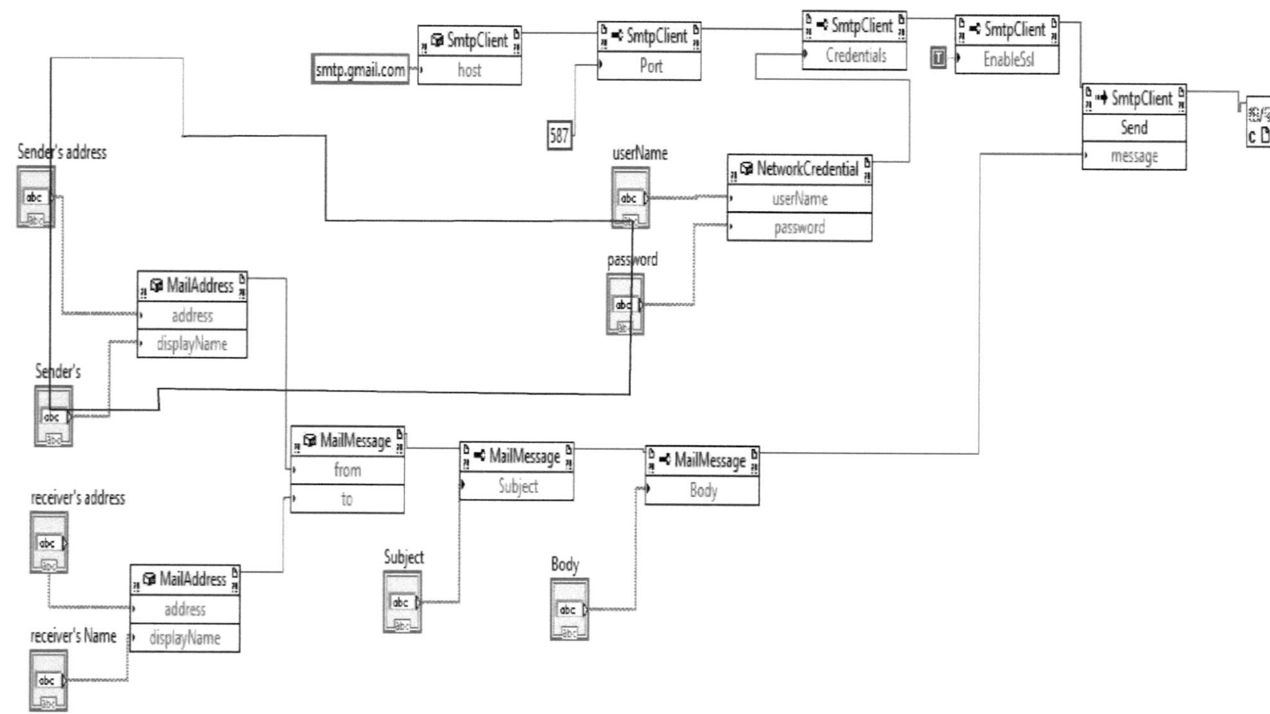

Fig 3.5: VI para o sistema de correio eletrónico

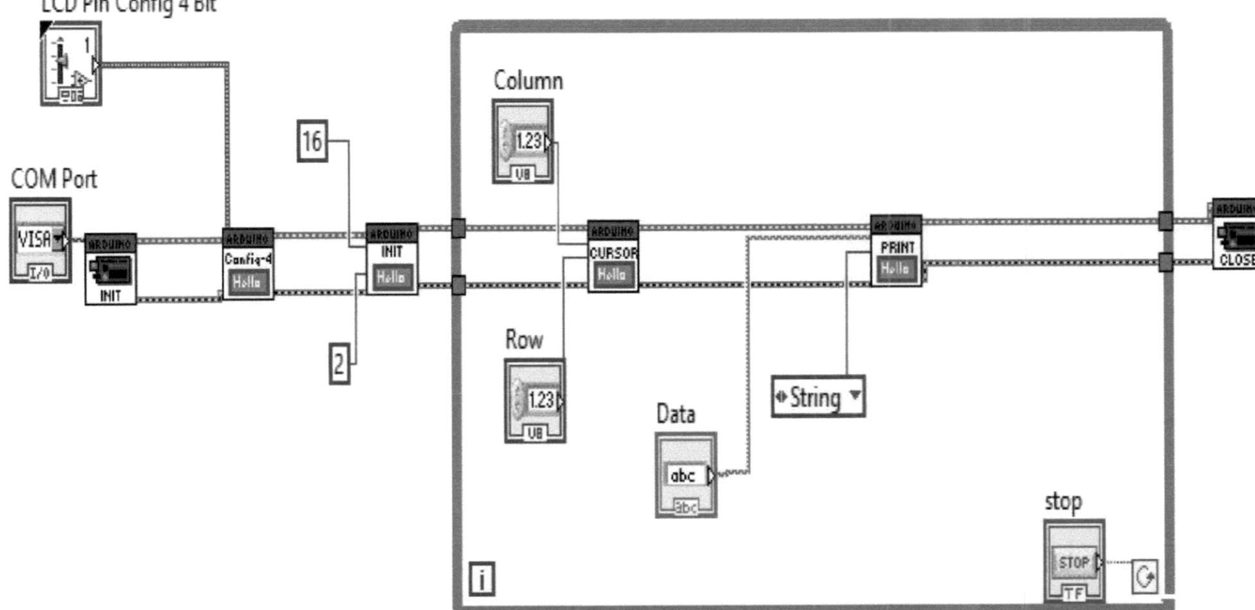

Fig. 3.6(a): VI para o ecrã LCD

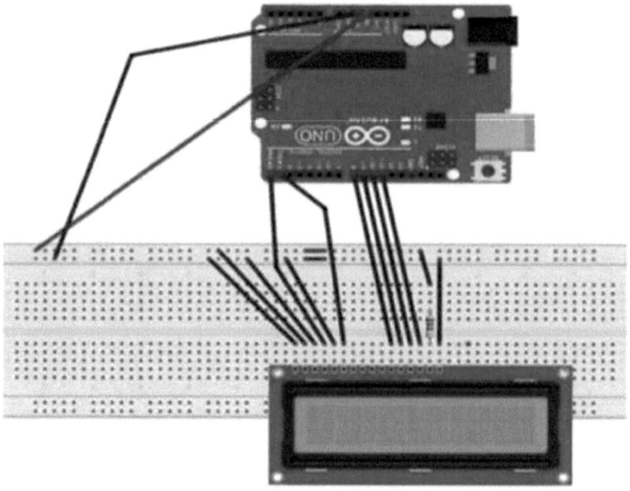

Fig. 3.6(b): Ligação do LCD à placa Arduino Uno

3.2 Análise e conceção da marcação DTMF

O software foi concebido de forma a podermos analisar os espectros individuais das teclas premidas. Estas observações são muito importantes para diferenciar os espectros obtidos. Além disso, as frequências das teclas são necessárias como resultado para a análise. Os desenhos do software são classificados de acordo com o processo de marcação dtmf. Em primeiro lugar, é necessário obter os espectros individuais e depois adquirir as frequências, respetivamente. Para o efeito, utilizaremos duas concepções diferentes de VI, de modo a sermos mais específicos.

3.2.1   Conceção de software para observação de espectros individuais

O primeiro projeto experimental LabVIEW é apresentado na Fig. 3.7 e é constituído pelos seguintes blocos de projeto:

- O ficheiro áudio .wav (dot wave) dos tons do teclado é lido, o áudio é extraído como uma matriz e é ouvido.
- É criado um controlo do caminho do ficheiro e o ficheiro áudio .wav é armazenado no ambiente de trabalho.
- O VI expresso denominado "Reproduzir forma de onda" é utilizado para ouvir a saída.
- O áudio das teclas DTMF é ouvido quando é reproduzido.

- 'Y': dados áudio reais como matriz 1D de tipo duplo e 'dt': innervolt de amostragem em segundos.

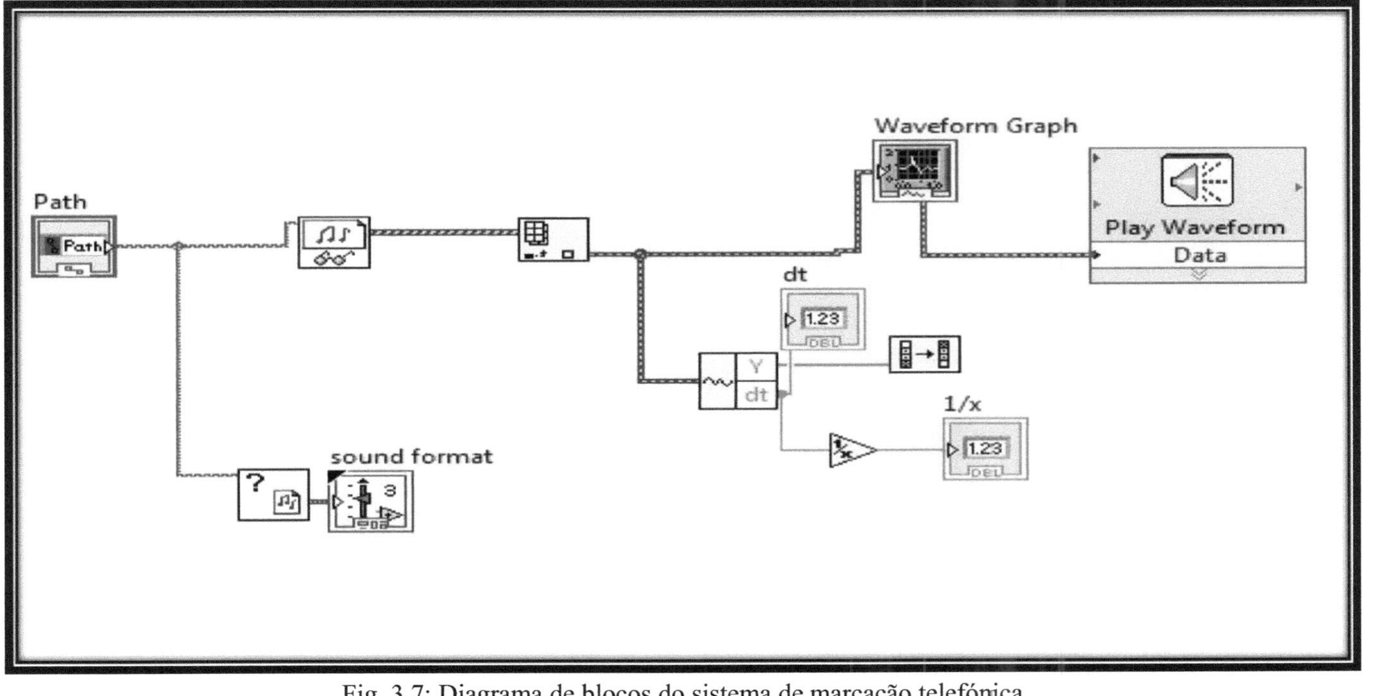

Fig. 3.7: Diagrama de blocos do sistema de marcação telefónica

3.2.2 *Conceção de software para medição de tons*

Este consiste no diagrama de blocos mostrado na Fig. 3.8, no painel frontal e no software de marcação dtmf descarregado.

- A frequência dos tons do teclado é medida.
- A entrada é utilizada para obter som através de um microfone incorporado num ciclo contínuo.
- O indicador numérico indica a frequência quando as teclas do software "dial" são premidas.
- O indicador gráfico ajuda a visualizar o resultado da amostra e mostra a gama de frequências detectadas.

3.2.3 *Conceção do software para o cálculo da FFT*

Este é constituído pelo diagrama de blocos apresentado na Fig. 3.9 e pelo painel frontal, como indicado abaixo:

- A amplitude do sinal FFT é calculada e apresentada num gráfico de forma de onda.
- A FFT é introduzida como 128 para uma operação eficiente.
- f0: frequência de oscilação desejada (de 697Hz a 1633Hz).
- fs : frequência de amostragem (8KHz).

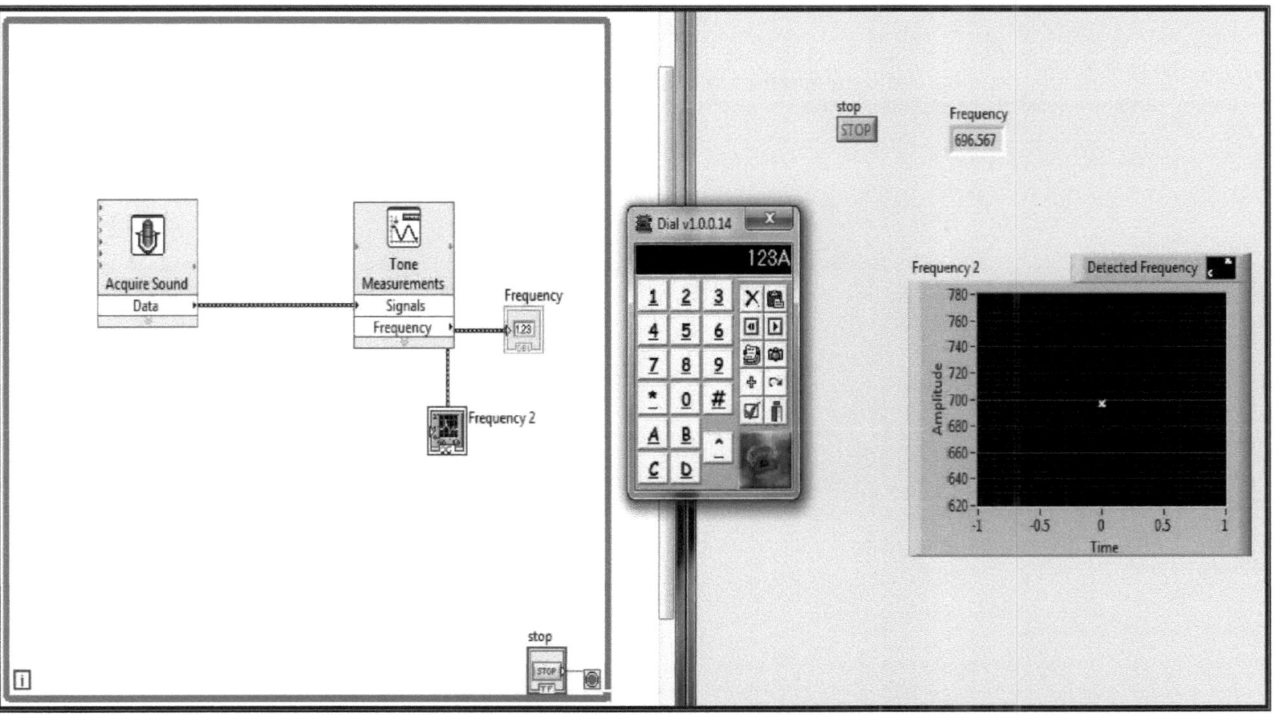

Fig. 3.8: Programa de software para medição de tons

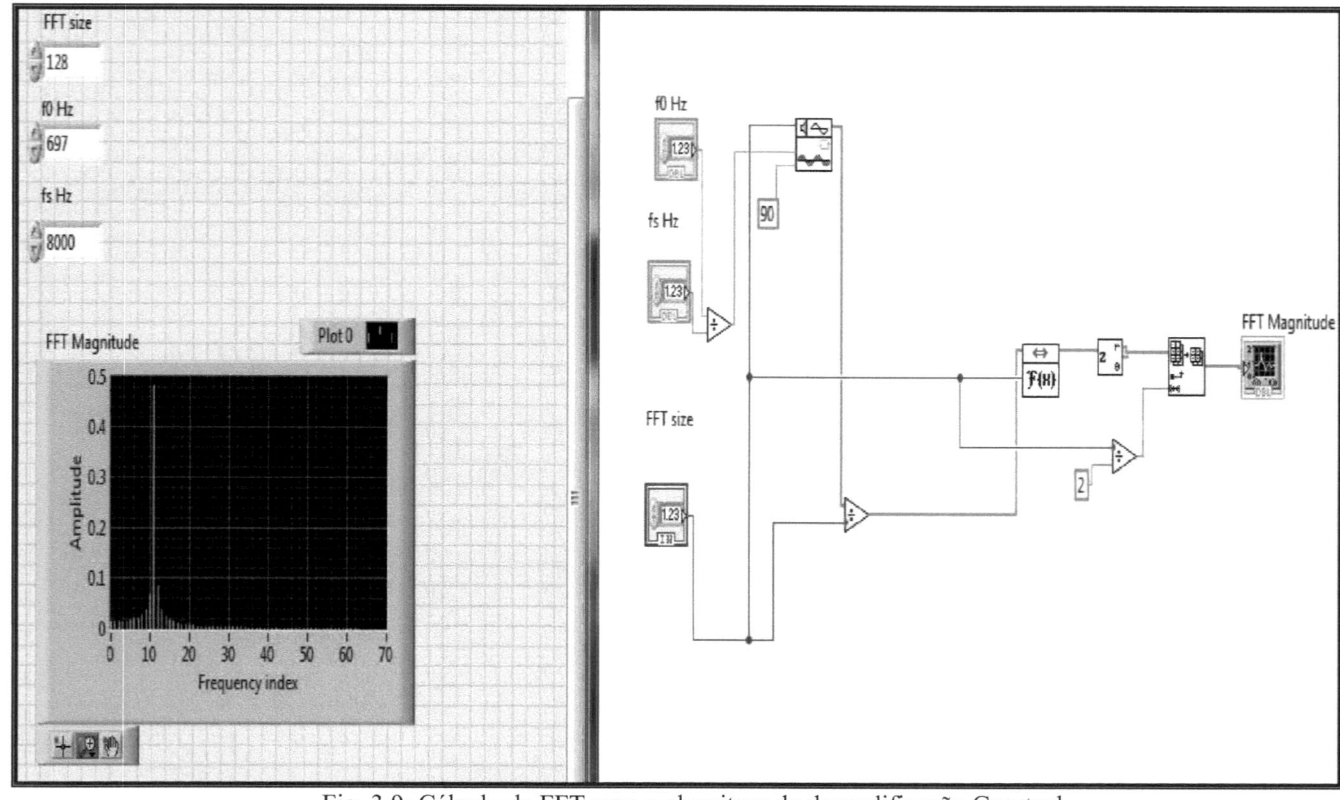

Fig. 3.9: Cálculo da FFT para o algoritmo de descodificação Goertzel

Capítulo 4
IMPLEMENTAÇÃO DO SISTEMA
4.1 Implementação do sistema de comunicações seguras da porta de série

Neste capítulo, as técnicas utilizadas para conceber o hardware são explicadas em pormenor. Os componentes utilizados são também indicados neste capítulo. Será abordada a parte do hardware do ecrã LCD do texto encriptado, para o qual o VI já foi concebido no capítulo anterior.

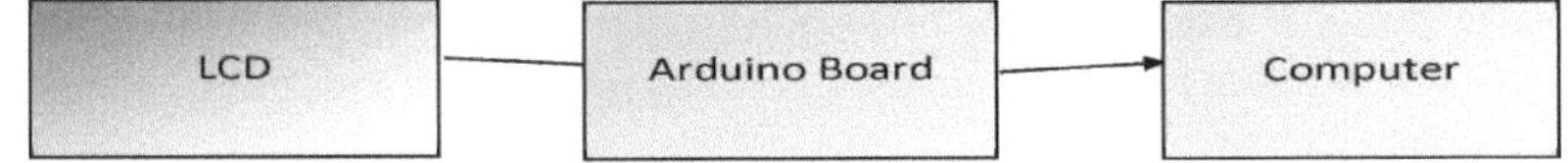

4.1.1 Ligar o LCD ao Arduino

O LCD é composto por 32 caracteres no total, 16 na primeira linha e outros 16 na segunda linha, e é também composto por um controlador (HD 44780) que se encontra na parte de trás do LCD, cuja função é controlar os pixels responsáveis por cada carácter no ecrã.

Aqui o objetivo é ligar o LCD 16x2 a um Arduino Uno. Neste tipo de dispositivo de visualização, haverá 16 pinos se houver uma luz de fundo, sem luz de fundo haverá 14 pinos. O utilizador pode decidir se quer utilizar a luz de fundo ou não. Nos 14 pinos, existem oito pinos de dados (7-14 ou D0-D7), dois pinos de alimentação (1&2 ou VSS&VDD ou Ground&+5v), 3 pinos[rd] para controlo do contraste (VEE - controla a espessura dos caracteres a mostrar) e, finalmente, três pinos de controlo (RS&RW&E).

As ligações para os diferentes pinos que são efectuadas para o LCD estão listadas abaixo:

- Pino 1 ou VSS à terra;
- Pino 2 ou VCC para +5v de potência;
- Pino 3 ou VEE à terra;
- Pino 4 ou RS (seleção de registo) para o pino 0 da placa ARDUINO UNO;
- Pino 5 ou RW (Leitura/Escrita) à terra;
- Pino 6 ou E (Enable) ao pino 1 da placa ARDUINO UNO;
- Pino 11 ou D4 ao pino 8 da placa ARDUINO UNO;
- Pino 12 ou D5 ao pino 9 da placa ARDUINO UNO;
- Pino 13 ou D6 ao Pino 10 da placa ARDUINO UNO;
- Pino 4 ou D7 ao Pino 11 da placa ARDUINO UNO.

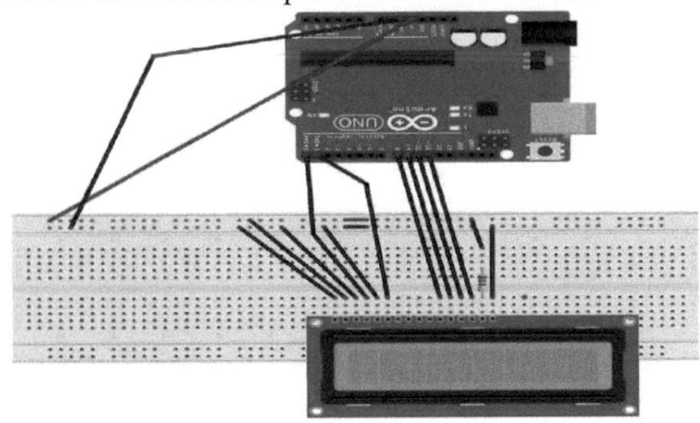

Fig. 4.1: Ligações do LCD à placa Arduino Uno

A Fig. 4.1 mostra o desenho para a ligação do LCD à placa Arduino Uno, uma placa de ensaio e cabos de ligação (macho-macho e macho-fêmea), um potenciómetro para controlar o contraste e uma resistência de 220 ohms também serão necessários para este desenho.

Tal como referido no capítulo 4, o LCD 16x2 será ligado ao computador através da placa Arduino. Haverá pinos que serão ligados diretamente à placa Arduino a partir do LCD e outros pinos que serão ligados utilizando uma placa de ensaio. A figura seguinte mostra como o LCD foi ligado à placa Arduino Uno e todas as ligações efectuadas.

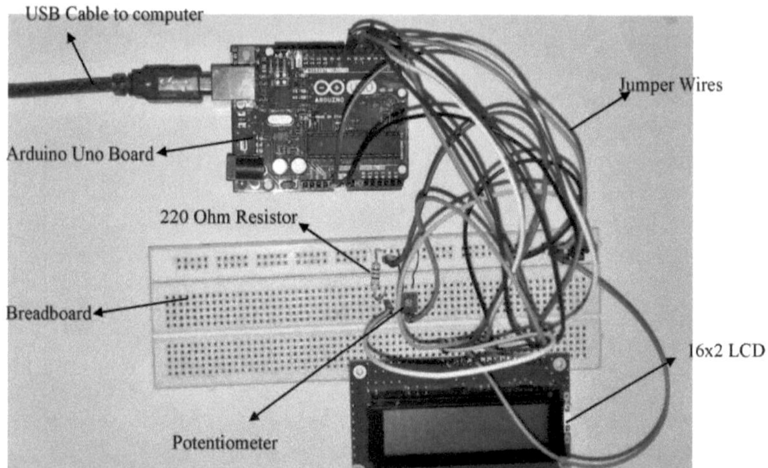

Fig. 4.2: Ligações do Arduino e da placa de circuito impresso

Fig. 4.3: O circuito depois de ter sido ligado ao computador

4.1.2 Problemas encontrados na implementação do hardware

Como a implementação do hardware dependeria principalmente da implementação do software, uma vez que é o VI no Lab VIEW que será responsável pela transferência do texto encriptado para o LCD, o único grande problema que teve de ser enfrentado foi que, no início, quando o LCD foi ligado ao computador através da placa Arduino Uno, não houve nenhuma saída como a que está a ser exibida na Fig. 4.3, houve um problema com a ligação da alimentação de 5 V do Arduino ao LCD, razão pela qual a tensão de alimentação nem sequer chegou ao LCD para o ligar.

A ligação teve de ser interrompida e depois montada de novo com alguns jumpers novos para ligar os dois dispositivos. A configuração que foi utilizada para a ligação teve de ser modificada. Só depois disso é que o LCD acendeu quando a placa Arduino estava a ser ligada ao computador utilizado para o projeto. A nova configuração para os pinos do LCD é mostrada abaixo:

- Pino 1 ou VSS à terra;
- Pino 2 ou VCC para +5v de potência;
- O pino 3 ou VO, que é o ajuste do contraste, é ligado ao potenciómetro na placa de ensaio;
- Pino 4 ou RS (seleção de registo) para o pino 2 da placa ARDUINO UNO;
- Pino 5 ou RW (Leitura/Escrita) à terra;
- Pino 6 ou E (Enable) ao pino 3 da placa ARDUINO UNO;
- Pino11ou D4 aoPino4da placa ARDUINO UNO;
- Pino 12 ou D5 ao Pino 5 da   placa ARDUINO UNO;
- Pino13ou D6 aoPino6da placa ARDUINO UNO;
- Pino 14 ou D7 ao Pino 7 da placa ARDUINO UNO;
- Pino 15 (Fonte de alimentação para a retroiluminação LED +) a uma resistência de 220 Ohm;
- Pino 16 (Fonte de alimentação da retroiluminação LED -) para a terra.

O segundo problema principal que foi encontrado é que, mesmo que as conexões tenham sido feitas como deveriam ser feitas, a luz de fundo do LCD não acendeu, normalmente uma luz brilhante deveria ter acendido quando foi conectado ao computador através do

O problema pode ter origem no próprio LCD, ou seja, a retroiluminação LED pode estar danificada. De qualquer modo, este problema não alteraria o resultado dos testes, uma vez que o contraste entre os caracteres e o fundo pode ser controlado utilizando o potenciómetro para tornar os caracteres mais visíveis.

4.1.3 Implementação do software LabVIE

Cada parte distinta do sistema de comunicação, ou seja, a entrada e a encriptação de dados, a transferência para o LCD através do Arduino [14,15], a transferência para o dispositivo androide através de Bluetooth, a transferência de porta para porta de série e a transferência por correio eletrónico, foi concebida como explicado anteriormente. Cada parte foi construída separadamente, como se mostra nas Figs. 3.2-3.6(a). Agora, nesta secção, todas estas partes vão ser combinadas para formar o sistema de comunicação pretendido, de forma mais rápida e eficiente.

Posteriormente, o diagrama de blocos da Fig. 4.4 foi implementado, o painel frontal foi deixado numa confusão, ou seja, todos os diferentes componentes foram misturados. Como se pode ver nas Figs. 3.2-3.6 (a), esses diferentes componentes foram reorganizados e também o estilo e o tipo de letra utilizados para os caracteres foram alterados e, finalmente, para dar um aspeto mais moderno à interface, foi-lhe adicionado um fundo moderno em comparação com o fundo cinzento que está normalmente presente no painel frontal dos programas em LabVIEW, como se pode ver nos painéis frontais que resultaram da conceção das diferentes partes do sistema de comunicação.

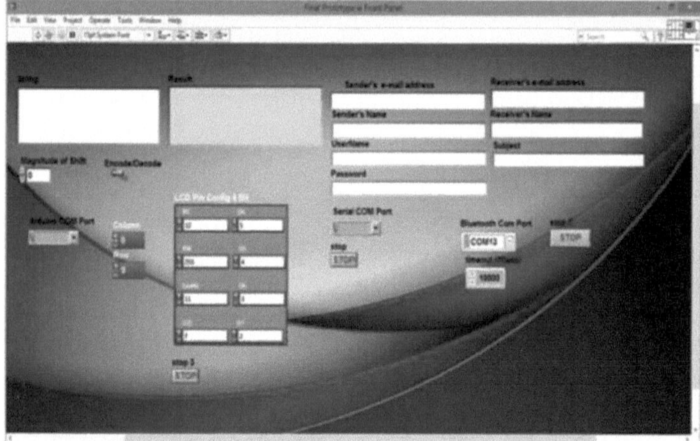

Fig. 4.4: Painel frontal do sistema de comunicação seguro

4.2 Implementação da marcação DTMF

A implementação do projeto em termos de hardware inclui o circuito de hardware do telefone de carocha que está identificado na Fig. 4.5.

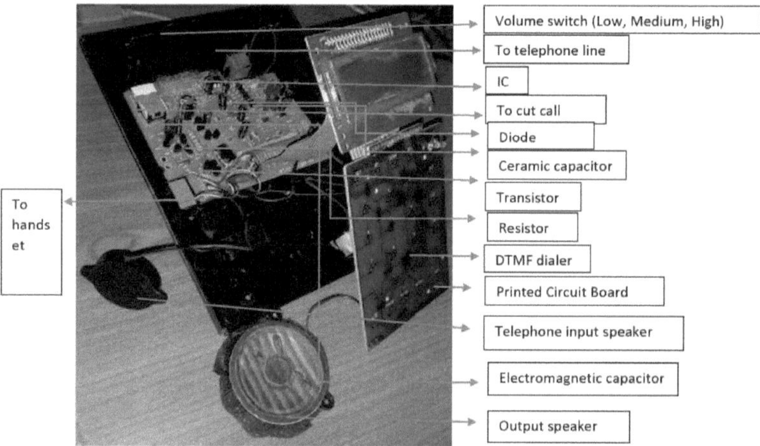

Fig. 4.5: Circuito do telefone Beetel e etiquetas

O circuito telefónico reconstruído é, portanto, o seguinte

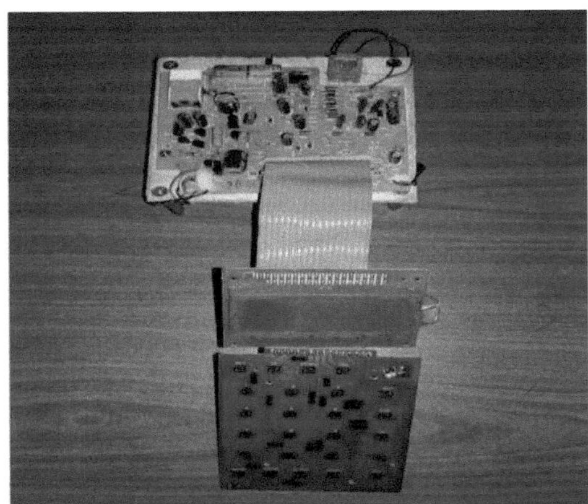
Fig. 4.6: Circuito telefónico reconstruído

4.2.1 *Implementação de software para o cálculo da transformada rápida de Fourier (FFT)*

No software, a magnitude do sinal FFT será calculada e apresentada no gráfico da forma de onda que se encontra no painel frontal. O *Algoritmo de Goertzel*, tal como explicado no Capítulo 2, é utilizado para calcular as amostras da FFT. O tamanho da FFT é introduzido como 128 para uma operação eficiente (potência de 2 para FFT).f0 é a frequência de oscilação desejada, neste caso, as frequências dtmf (de 697Hz a1633Hz).Além disso, fs é a frequência de amostragem, que é de 8 KHz (8000 Hz) no sistema telefónico. O programa é o mostrado na página seguinte.

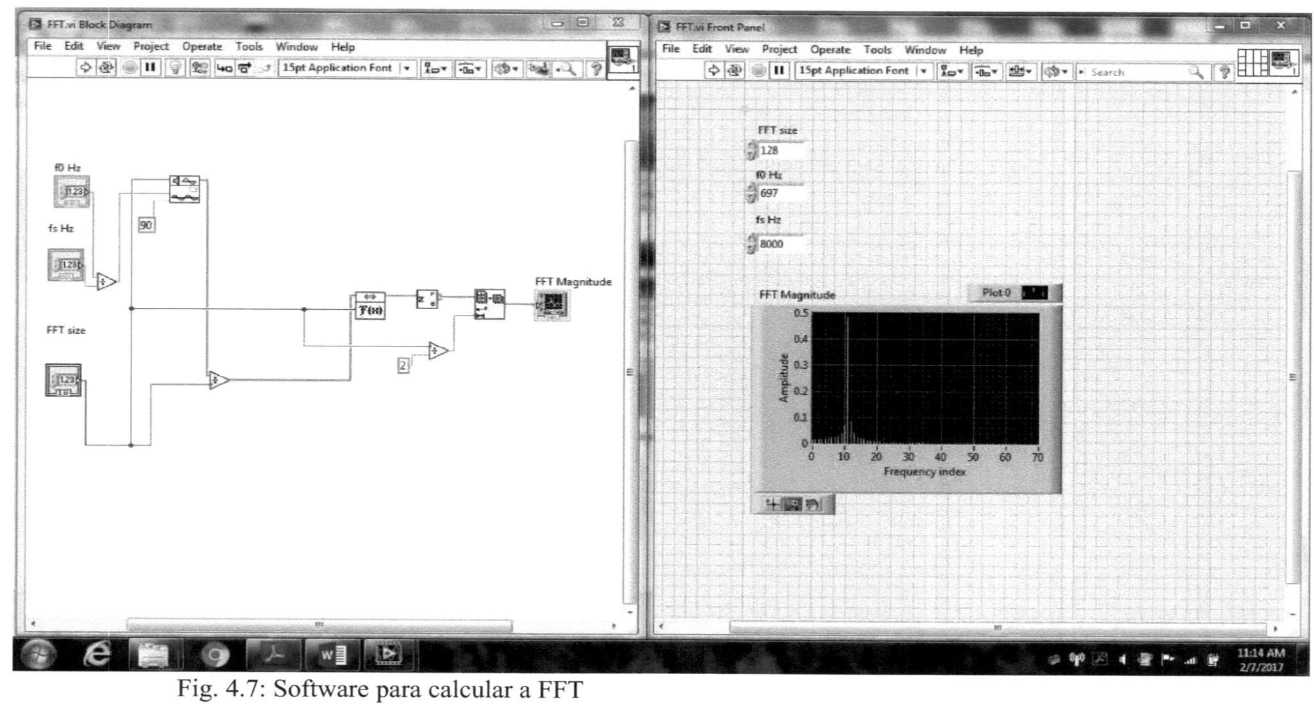

Fig. 4.7: Software para calcular a FFT

Este programa está dividido em duas partes, o diagrama de blocos e o painel frontal. Estas são demonstradas separadamente de seguida:-

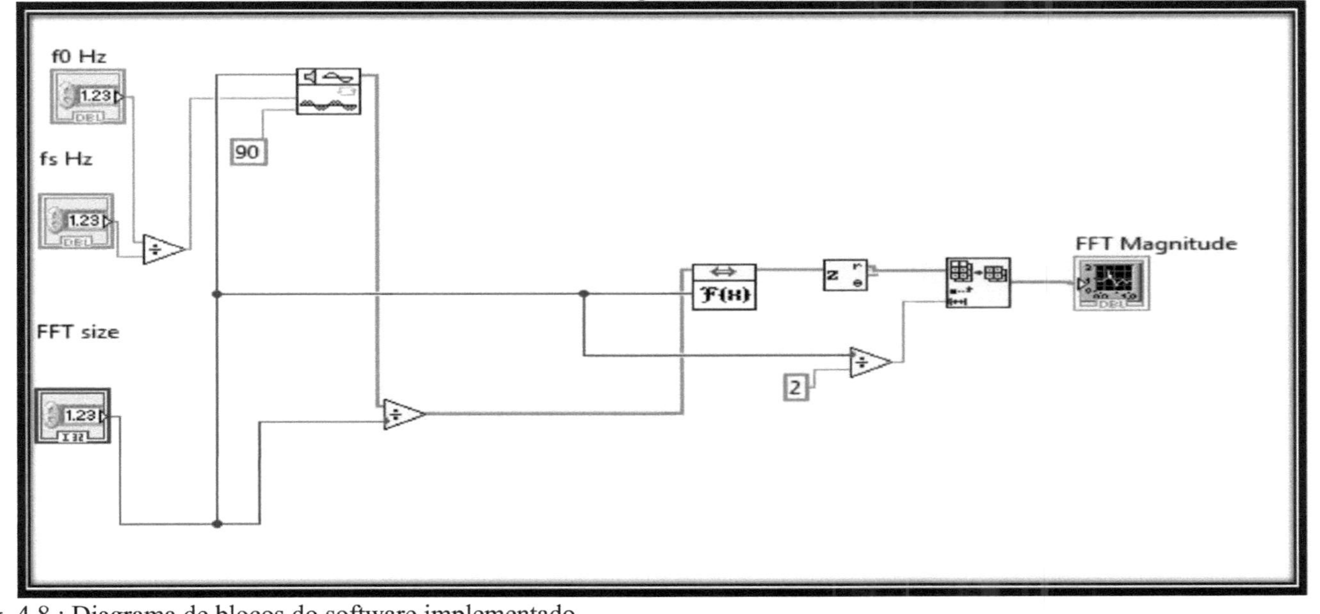

Fig. 4.8 : Diagrama de blocos do software implementado

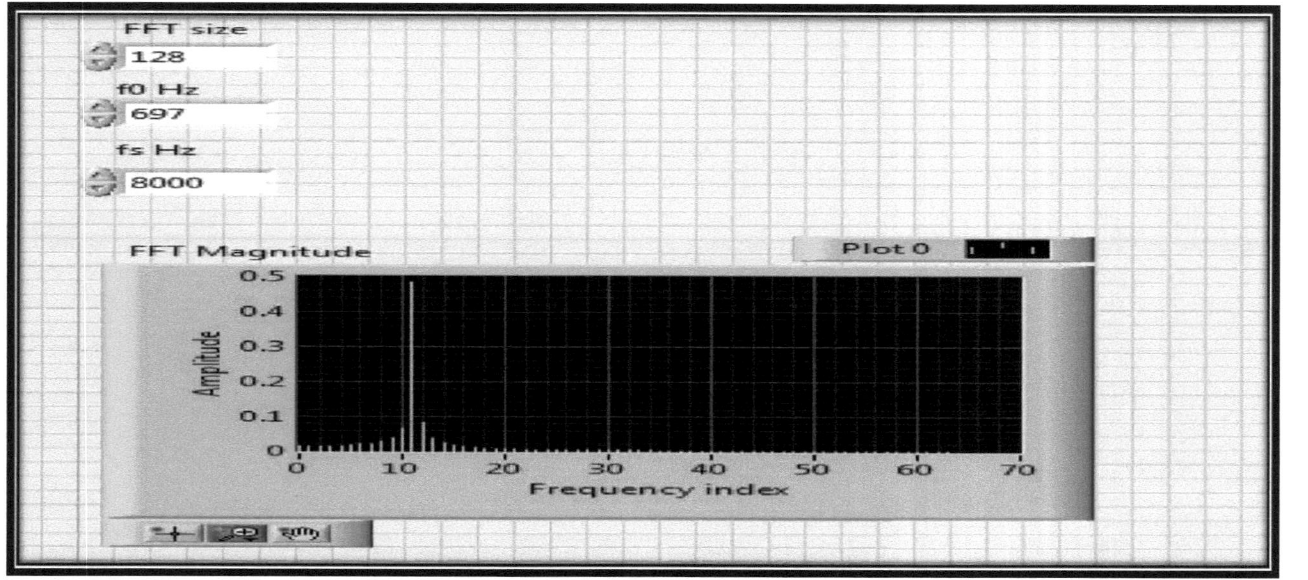

Fig. 4.9: Painel frontal do software

Esta experiência consiste na matriz de entrada, na matriz de saída e no tamanho da FFT. O tamanho da FFT demonstra o número total de amostras na matriz. Para ilustrar o comportamento da FFT, é utilizada uma forma de onda sinusoidal como entrada. Para obter a frequência normalizada, a frequência de oscilação é dividida pela frequência de amostragem, (fO/fs). A forma polar do valor complexo é então calculada e a magnitude da FFT é emitida.

Capítulo 5
RESULTADOS DA SIMULAÇÃO E DISCUSSÕES

5.1 Resultados da simulação de um sistema seguro de comunicação por porta de série

Antes da simulação do sistema de comunicação, há algumas coisas que devem ser feitas. Em primeiro lugar, para a simulação da transferência entre duas portas série, é necessário criar uma ponte virtual entre as duas portas que se encontram no computador que aloja o próprio sistema de comunicação. Um programa chamado "Free Virtual Serial Ports" é usado para criar a ponte que estará a comunicar entre si.

Para os testes, foi criada uma ponte entre a porta Com 1 e a porta Com 2, sendo que a Com1 será a que envia os dados e a Com 2 será a ouvinte que recebe os dados.

A segunda coisa que teve de ser feita diz respeito à transferência Bluetooth dos dados para um dispositivo androide, mais uma vez aqui é uma questão de portas, o Bluetooth tem de ser atribuído a uma porta para que o LabVIEW possa comunicar com esta porta e enviar os dados para esta porta, que será então enviada para o dispositivo androide por Bluetooth.A configuração permite ao utilizador decidir se a porta tem de ser uma porta de entrada ou de saída; neste caso, a porta atribuída ao Bluetooth será uma porta de entrada, porque o dispositivo Android estabelecerá uma ligação com o computador através desta porta.

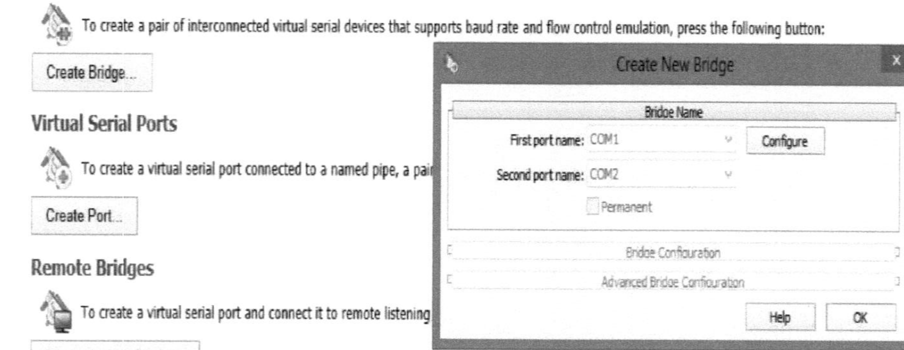

Fig. 5.1: A criação de uma ponte entre a porta com 1 e a porta com 2

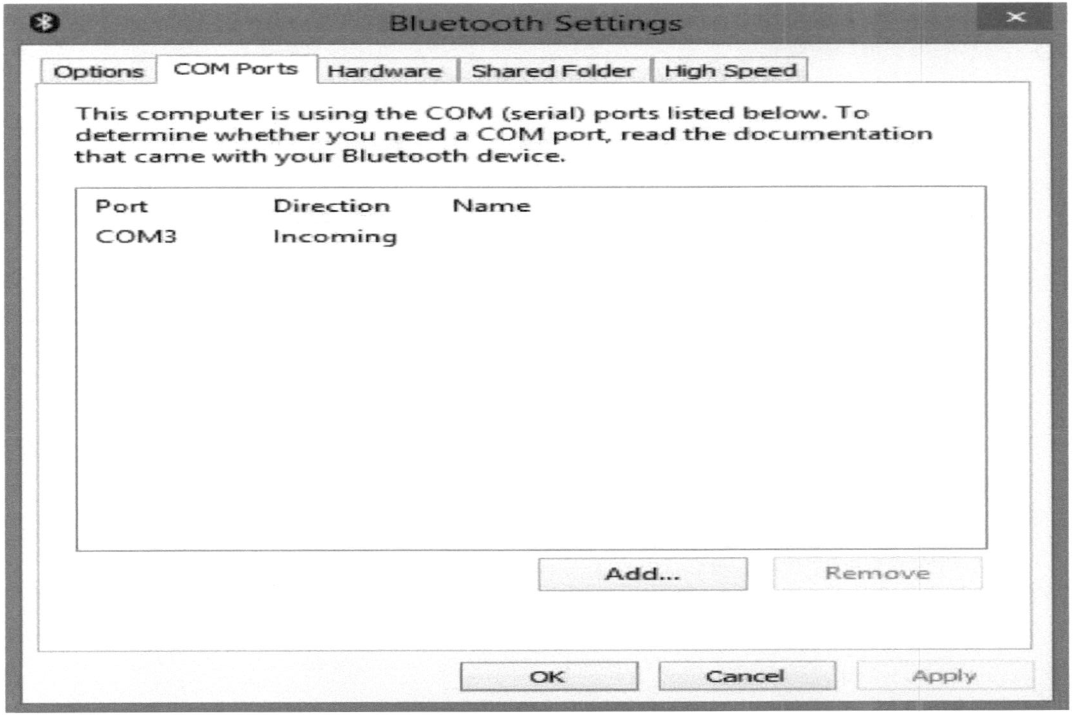

Fig. 5.2: Porta Com Bluetooth

Como se pode ver na figura acima, a porta COM 3 foi atribuída ao Bluetooth que será utilizado no teste do sistema de comunicação. Agora, o sistema de comunicação está pronto para ser testado. Todas as informações necessárias foram introduzidas na interface de utilizador do programa.

Toda a informação necessária para a realização do teste foi introduzida e a palavra a testar é "Testing" (Teste), como se mostra na Fig. 5.3. Quando se clica no botão "Executar", a palavra foi codificada num texto cifrado com um deslocamento de magnitude 2 que produz "Vguvkpi" como texto cifrado e foi depois transmitido para as diferentes partes do sistema de comunicação simultaneamente, ou seja, todas as diferentes partes receberam o texto cifrado ao mesmo tempo.

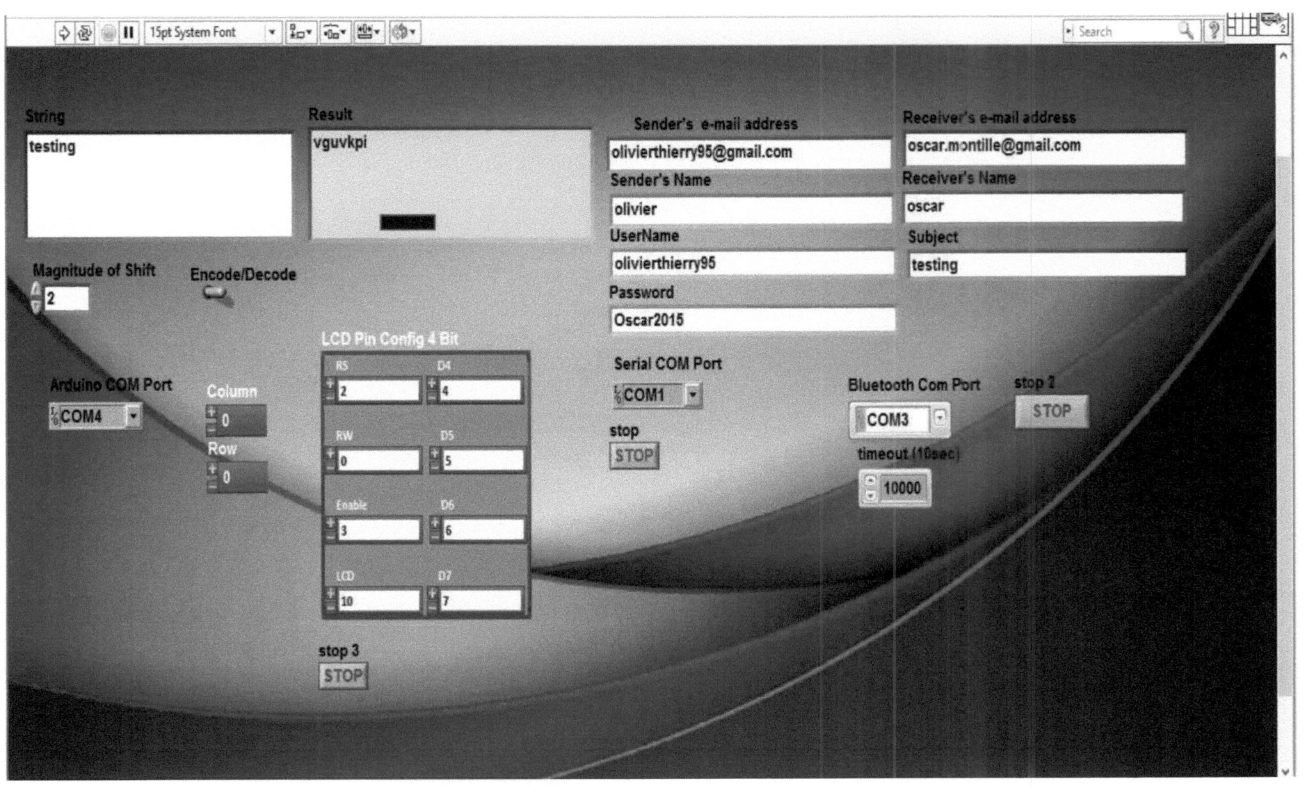

Fig. 5.3: Interface com todos os detalhes necessários para o teste

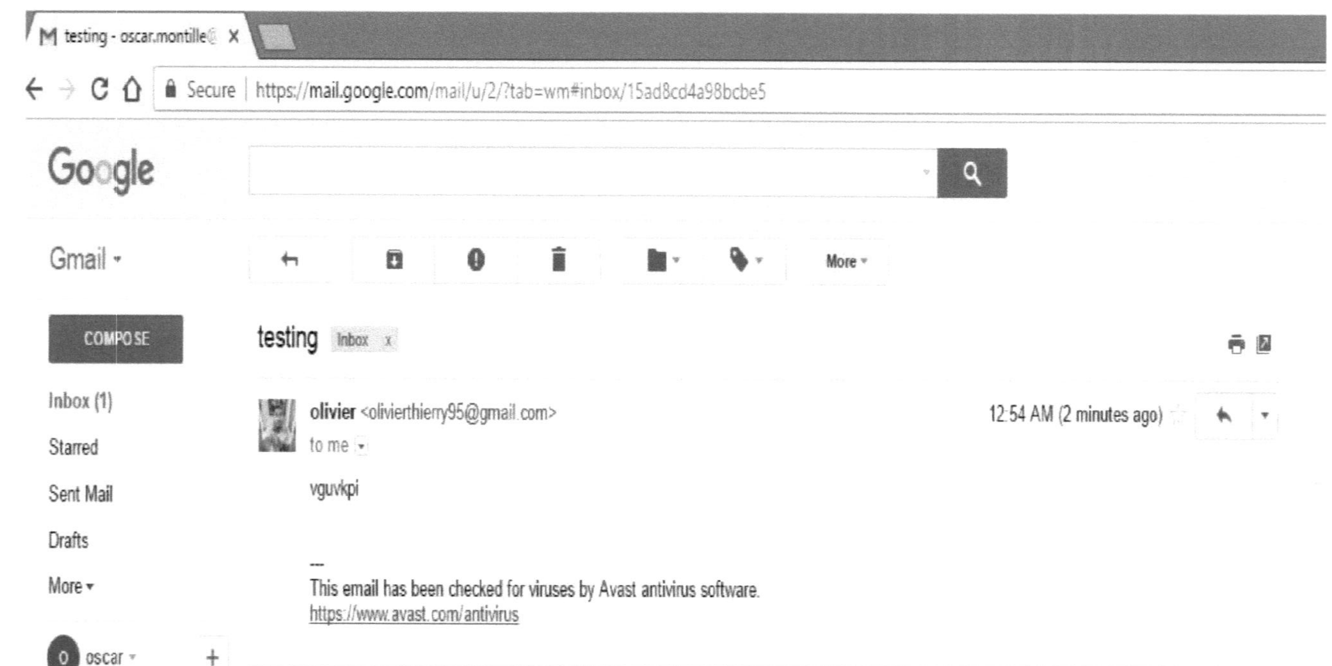

Fig. 5.4: Resultados do correio eletrónico

O sistema de correio eletrónico da Fig. 5.4, que foi introduzido como recetor no programa, foi acedido utilizando os serviços do G-mail para verificar se o correio contendo o texto encriptado "Vguvkpi" foi recebido.

É utilizado um software chamado "Hercules" para abrir a porta Com 2, que é a porta de escuta que recebe o texto encriptado da porta Com 1, e para ver o que está a ser recebido na porta. Os resultados obtidos quando se clica no botão "Run" são apresentados na Fig. 5.5 (a).

Assim, para esta parte do sistema de comunicação, o programa da Fig. 5.5(b) que será utilizado para receber os dados do computador já deve escutar qualquer ligação Bluetooth proveniente do computador que envia o texto encriptado utilizando o sistema de comunicação, ou seja, o programa android no dispositivo deve estar aberto com o Bluetooth no dispositivo deve estar ligado, outro pormenor é que o dispositivo deve estar emparelhado com o computador, sem o emparelhamento a ligação Bluetooth não poderia ser estabelecida entre os dois dispositivos.

Mesmo no caso do LCD da Fig. 5.5 (c), que se esperava que fosse complicado devido ao hardware, onde poderia haver problemas, como problemas de ligação, o texto encriptado foi transmitido com êxito.

Transferência serial porta a porta

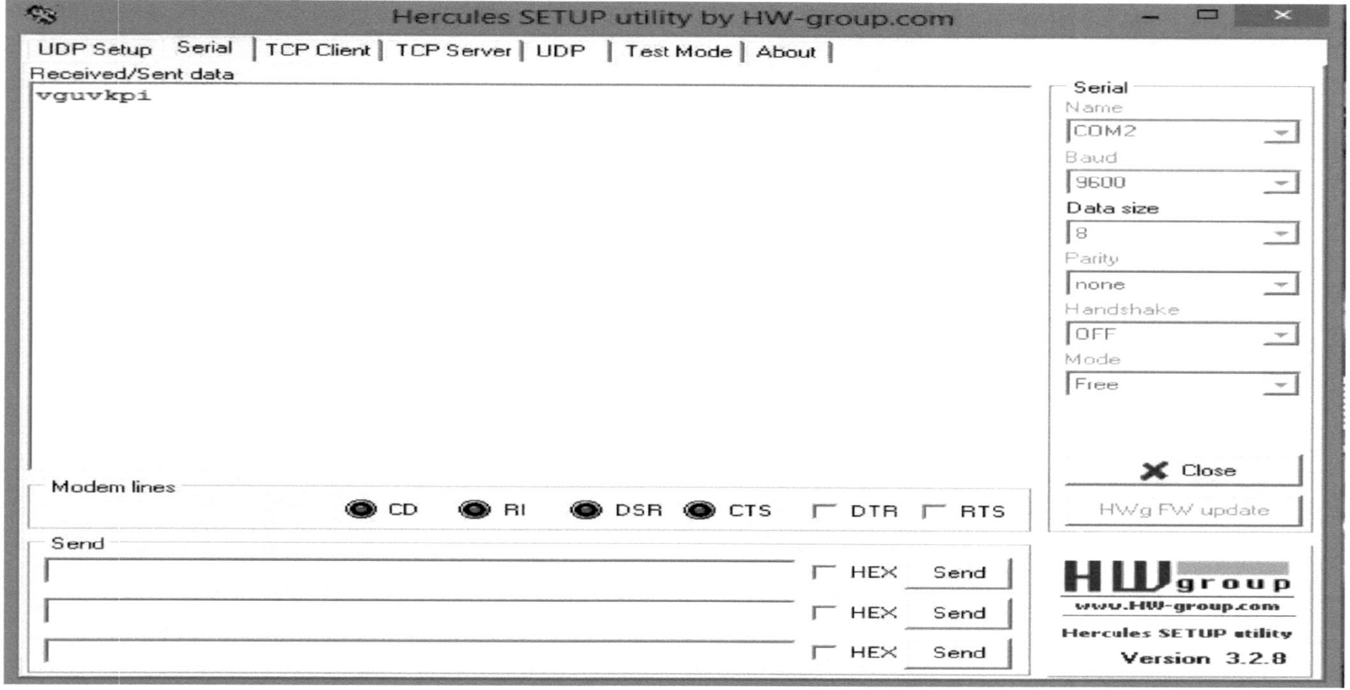

Fig. 5.5(a): Texto encriptado recebido na COM2

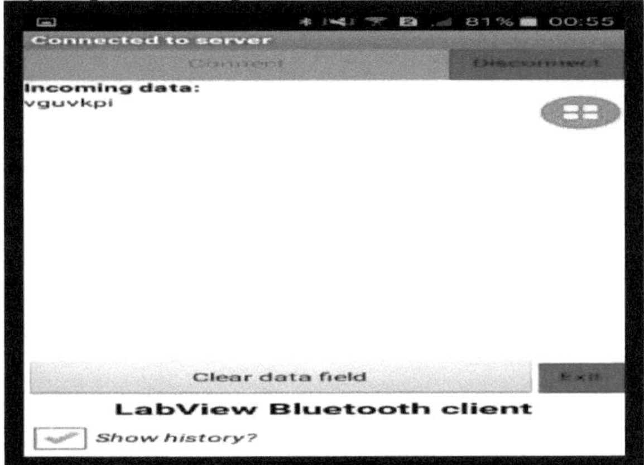

Fig. 5.5(b): Dados recebidos no dispositivo Android

Ecrã LCD

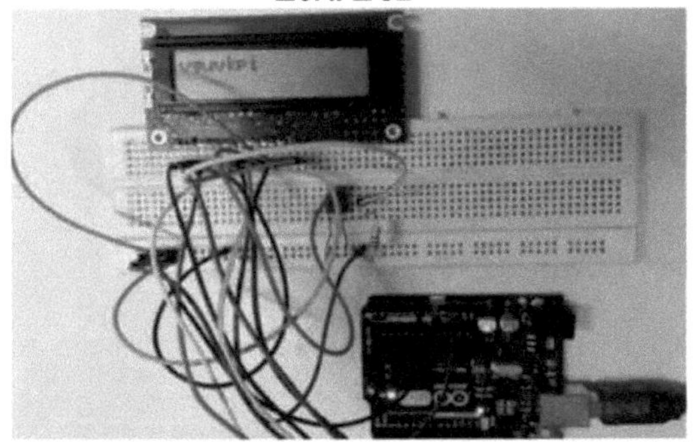

Fig. 5.5(c): Resultado do ecrã LCD

5.2 Resultados da simulação do sistema de marcação DTMF

O sistema de marcação DTMF foi simulado no laboratório e as experiências seguintes foram realizadas com os resultados esperados.

(i) Para a experiência 1:

Nesta tarefa, os espectros individuais das chaves são observados e comparados na Fig. 5.6(a).

(ii) Para a experiência 2:

A Fig. 5.6 (b) ilustra o resultado da frequência quando o conjunto de teclas correspondente é premido a partir do software de marcação. O gráfico da forma de onda também indica a gama da frequência detectada sob a forma de um gráfico.

(iii) Para a experiência 3:

No painel frontal desta experiência, o tamanho da FFT é introduzido como 128, a frequência de amostragem como 8000Hz e a frequência dtmf denotada como f0 é variada, ou seja, é introduzida como 697Hz, 770Hz, 852Hz, 941Hz, 1209Hz, 1336Hz, 1477Hz e 1633Hz, respetivamente. Em seguida, a forma de onda da Fig. 5.6 (c) produz o resultado que mostra o espetro FFT. Consequentemente, o índice de frequência em que ocorre o valor de pico representa o valor k derivado do Algoritmo de Goertzel.

Considerando a chave 0:

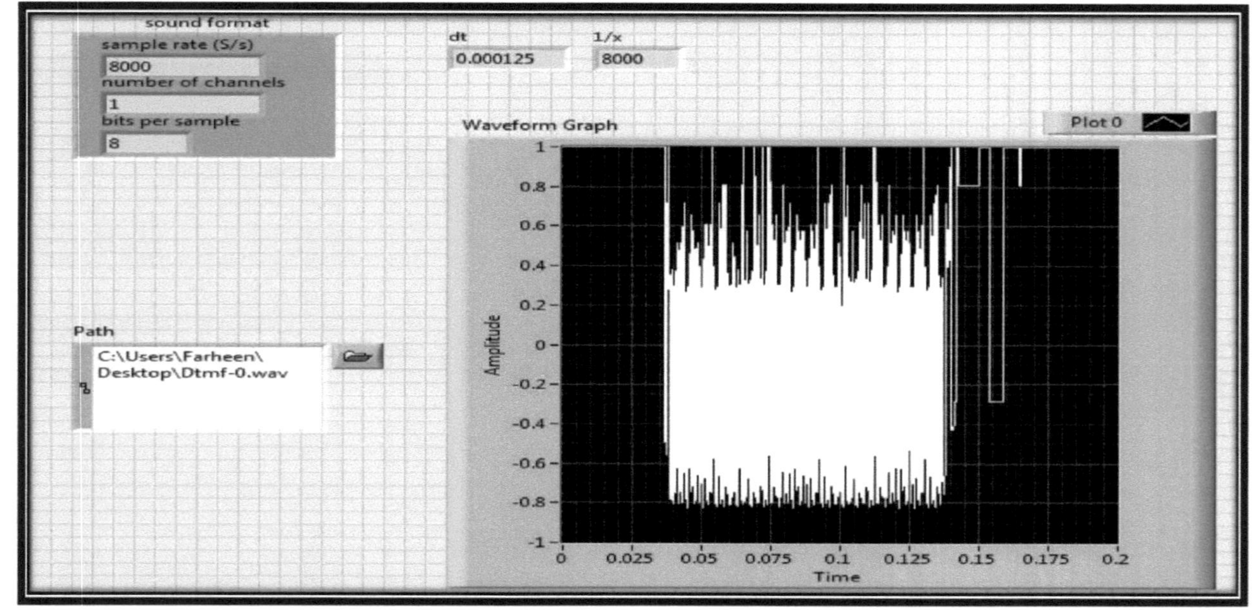

Fig. 5.6(a): Resultados da experiência 1

As teclas "123A" são premidas:

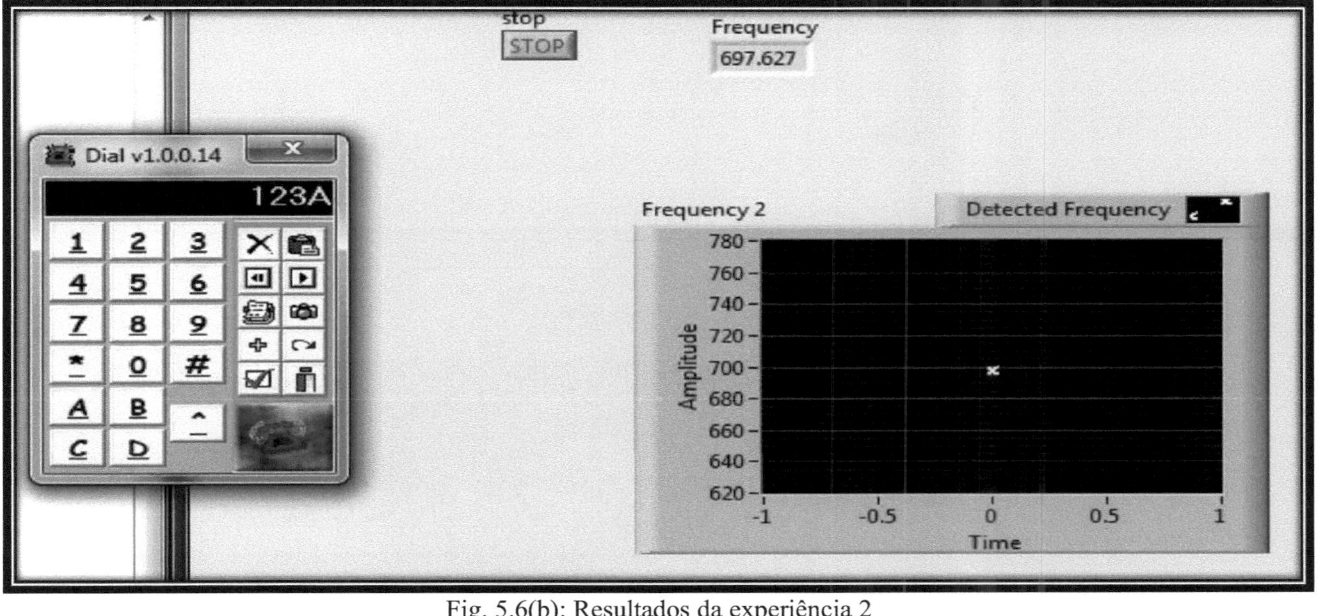

Fig. 5.6(b): Resultados da experiência 2

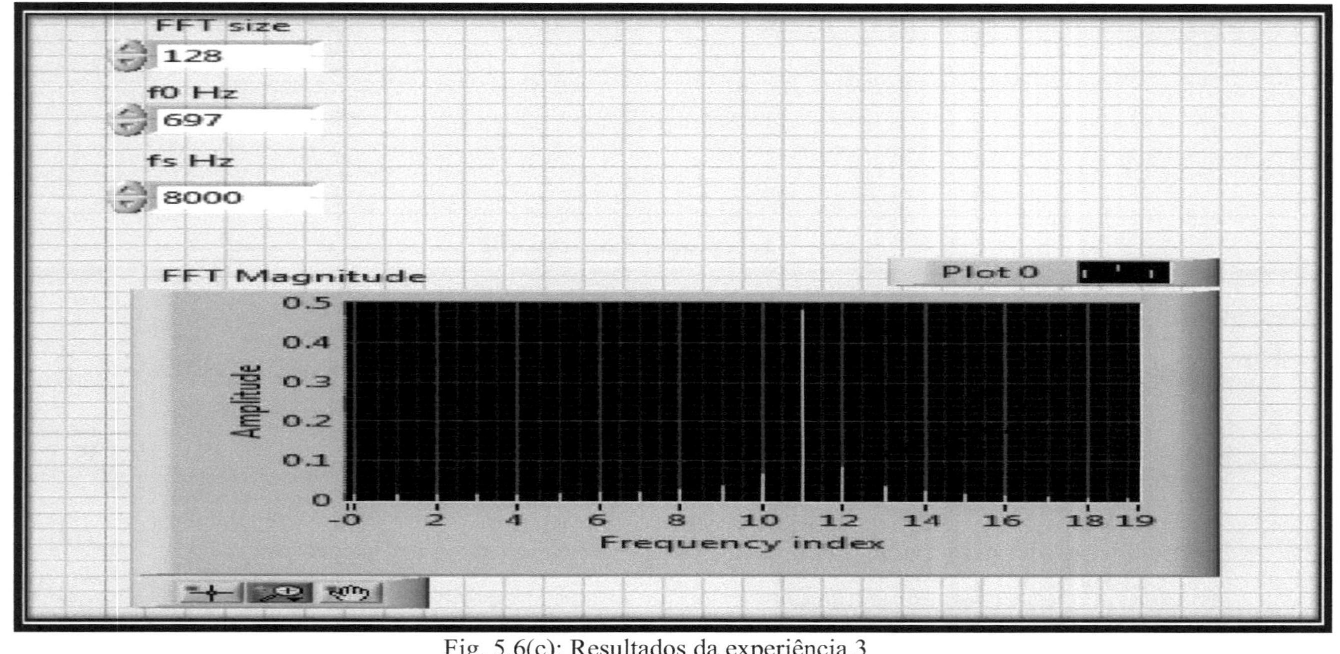

Fig. 5.6(c): Resultados da experiência 3

(iv) *Para a experiência 4*

No painel frontal desta experiência, o tamanho da FFT é introduzido como 128, a frequência de amostragem como 8000Hz e a frequência dtmf denotada como fO é variada, ou seja, é introduzida como 697Hz, 770Hz, 852Hz, 941Hz, 1209Hz, 1336Hz, 1477Hz e 1633Hz, respetivamente, como se mostra nas figuras abaixo. Em seguida, o gráfico wavefonn apresenta o resultado que mostra o espetro FFT. Consequentemente, o índice de frequência em que ocorre o valor de pico representa o valor k derivado do algoritmo de Goertzel.

(1)f0 como 697Hz

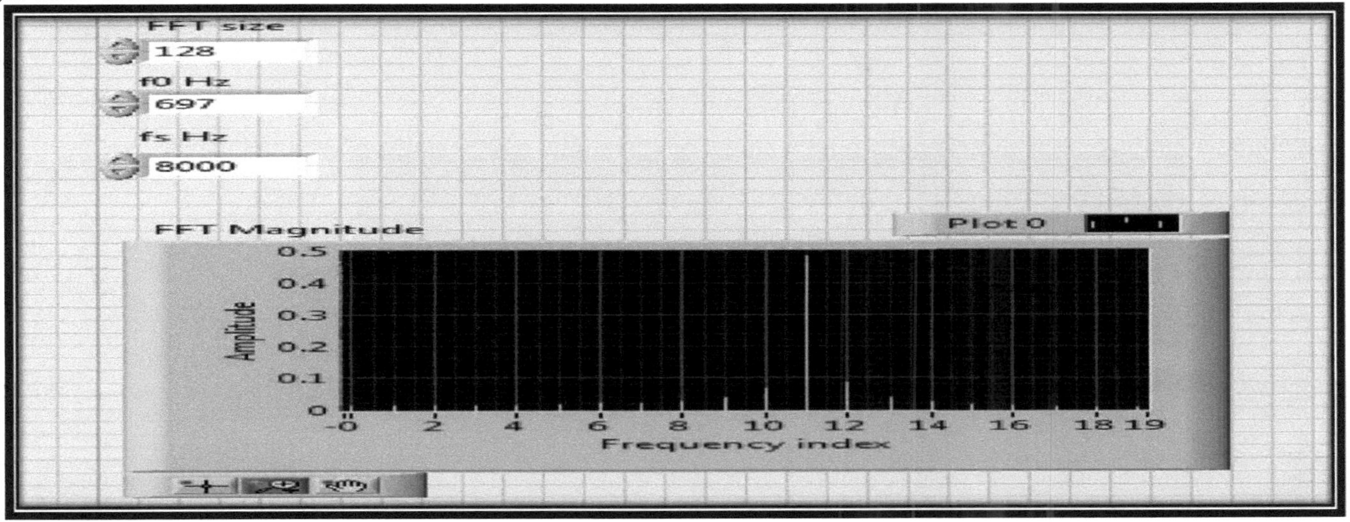

(2) fO como 770Hz

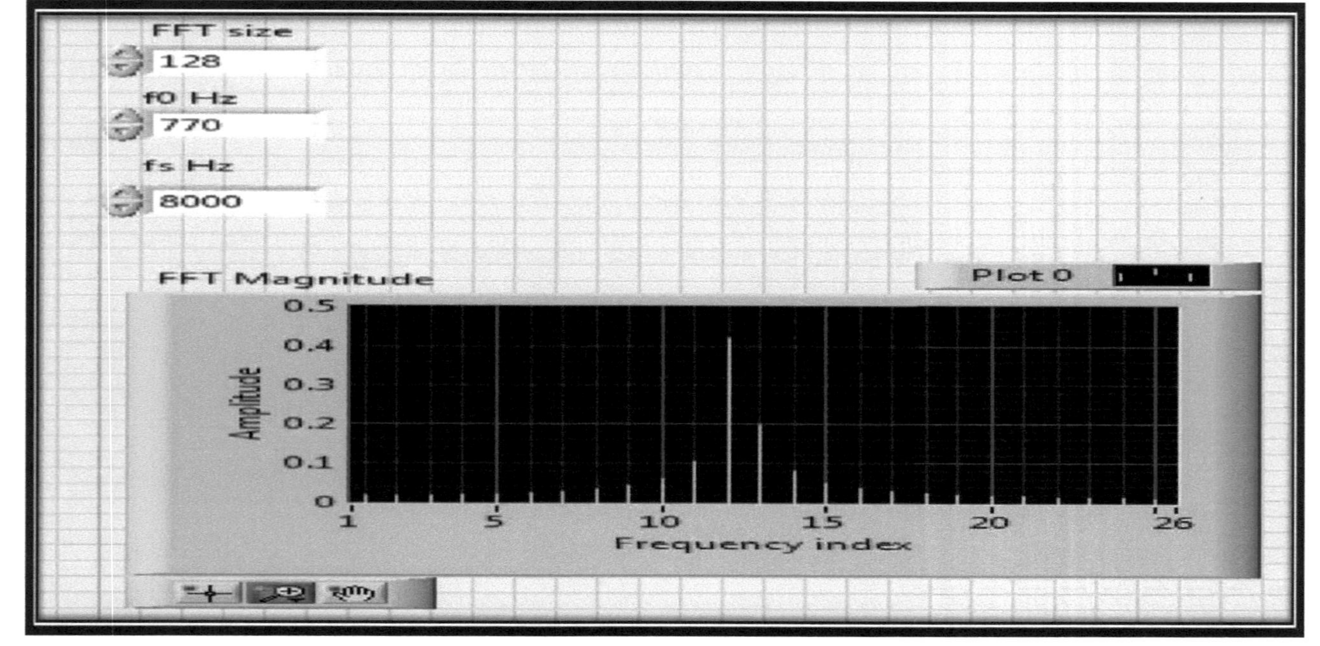

CONCLUSÕES

O trabalho consistiu em criar um sistema de comunicação seguro entre portas de série. Estas portas de série foram utilizadas com êxito no projeto, estando as portas envolvidas na transferência de dados entre duas portas de série, na transferência para o dispositivo androide, onde foi necessário atribuir uma porta de comunicação ao Bluetooth e, finalmente, para o LCD que estava ligado a uma placa Arduino, que teve de ser ligada ao computador com um cabo USB que utiliza uma porta disponível para a ligação. Mesmo o sistema de correio eletrónico tem algo a ver com portas, uma vez que o servidor SMTP (protocolo de transferência de correio simples) tem de ser atribuído a uma porta que será utilizada para enviar as mensagens de correio eletrónico. A flexibilidade do LabVIEW é igualmente digna de nota, uma vez que oferece diferentes bibliotecas na mesma plataforma, oferecendo mesmo uma interface que permite interagir com uma placa Arduino, que normalmente funciona com um software completamente diferente. Ferramentas como o Bluetooth estavam mesmo acessíveis a partir do software, um sistema de correio eletrónico completo foi mesmo concebido e testado com êxito no LabVIEW para mostrar tudo o que pode ser criado utilizando este software.

Além disso, é concebido e analisado um sistema telefónico de marcação DTMF. Esta análise não é apenas realizada pelo programa de simulação, mas também é utilizado um sistema telefónico real (Beetel Telephone) para a verificação da presença de sinais sinusoidais através do osciloscópio de raios catódicos (CRO). Além disso, a tarefa permite-nos provar o algoritmo de descodificação Goertzel dos sinais DTMF. A prova é então validada pelas equações matemáticas e os cálculos correspondentes são assim efectuados. Além disso, os valores precisos das frequências são registados durante as experiências realizadas utilizando a aplicação LabVIEW. Os valores teóricos e os valores experimentais são comparados. Verificou-se que os resultados correspondem aos padrões teóricos das frequências dtmf. Verifica-se que o erro percentual das frequências dtmf é inferior a 1%, o que mostra que o projeto utilizado para a implementação é eficiente. Por conseguinte, os objectivos são alcançados com êxito, uma vez que existe um desvio mínimo dos valores de frequência.

BIBLIOGRAFIA

Sparkfun, (2016), Comunicação em série [ONLINE]. Disponível em:
https://cdn.sparkfun.com/assets/e/5/4/2/a/50e1ccf1ce395f962b000000.png
[Acedido em 20 de dezembro de 2016].

Sparkfun, (2016), Comunicação Paralela [ONLINE]. Disponível em:
https://cdn.sparkfun.com/assets/e/5/4/2/a/50e1ccf1ce395f962b000000.png
[Acedido em 20 de dezembro de 2016].

Barry.K.Shelton, (2015), Transposition Cipher [ONLINE].Disponível em:
http://www.infosectoday.com/Articles/Intro_to_Cryptography/CryptoFig0
4.jpg [Acedido em 1 de dezembro de 2016].

B.Clark. 2015. Como funciona a encriptação e é realmente segura?
[ONLINE] Disponível em: http://www.makeuseof.com/tag/encryption-
care/. [Acedido em 17 de novembro de 2016].

BitcoinAcademy, (2016), Private key Encryption [ONLINE]. Disponível
em: http://redpinata-development.com/bitcoin-
academy/index.php/reader/items/public-key-cryptography.html [Acedido
em 21 de novembro de 2016].

The Importance of Telecommunications and Telecommunications
Research, Computer Science and Telecommunications Board, National
Research Council, *Innovation in Information Technology*, The National
Academies Press, Washington, D.C., 2003. Disponível em:
https://www.nap.edU/read/11711/chapter/3 [Acedido: 1st outubro 2016].

Instrumentos e Sinais Telefónicos por Mukesh Chinta Asst Prof, CSE,
VNRVJIET, DCS Unit-5, [E-book]. Disponível em:
https://www.scribd.com/doc/40337498/Telephone-Instruments-Signals-
and-Circuits [Acedido em: 2nd outubro 2016].

História do telefone, Puskas Tivadar (1844 - 1893), (breve biografia), sítio
Web de História da Hungria. Recuperado de Archive.org, fevereiro de
2013. [From Wikipedia-the free encyclopedia]. Disponível em:
https://en.wikipedia.org/wiki/History do telefone [Acedido em: 3rd
outubro de 2016].

DTMF Encoder and Decoder using LabVIEW por David R.Loker,P.E,Penn
State Erie, The Behrend College, Sessão 2559.Disponível em:
https://peer.asee.org/dtmf-encoder-and-decoder- using-labview.pdf
[Acedido:3rd outubro 2016].

Codificação e Descodificação de Sinais de Toque-Tom, Laboratório 09,
McClellan, Schafer e Yoder, Signal Processing First, ISBN 0-13-065562-7.
Prentice Hall, Upper Saddle River, NJ 07458, 2003 Pearson Education, Inc.
Disponível em:
http://dspfirst.gatech.edu/chapters/06firfreq/labsLV/lab09/lab09.pdf
[Acedido em: 4th outubro de 2016].

Dual-Tone Multi-Frequency Coding, Capítulo 14, por Bellamy, John.
1982. Digital Telephony. New York: John Wiley & Sons, Blahut,
Disponível em:

http://shatura.laser.ru/Articles/Dsp/ApplicationsHandbook/chapter 14.pd f [Acedido em: 5th outubro 2016].

Bluetooth. 2017. Como é que funciona? [ONLINE] Disponível em: https://www.bluetooth.com/what-is-bluetooth-technology/how-it-works. [Acedido em 4 de janeiro de 2017].

Rapid Electronics, (2017), Powertip PC-1602-F [ONLINE]. Disponível em: https://static.rapidonline.com/catalogueimages/Module/M029437P01WL.j pg [Acedido em 5 de janeiro de 2017].

Robomart, (2017), Arduino Uno [ONLINE]. Disponível em: https://www.robomart.com/image/catalog/RM0058/02.jpg [Acedido em 3 de fevereiro de 2017]

Arduino. (2017). Arduino-Introdução [ONLINE] Disponível em: https://www.arduino.cc/en/Guide/Introduction. [Acedido em 7 de janeiro de 2017].

Dual-tone multi-frequency signaling, Frank Durda, Dual Tone MultiFrequency (Touch-Tone®) Reference, 2006, [da Wikipédia, a enciclopédia livre].
Disponível em: https: //en.wikipedia. org/wiki/Dual -tone multi sinalização de frequência
[Acedido em: 7th outubro de 2016].

Vantagens da utilização do LabVIEW na investigação académica, National Instruments.
Disponível em: http://www.ni.com/white-paper/8534/en/
[Acedido em: 13 de outubro de 2016].

Introdução à aquisição de dados, National Instruments. Disponível em: http://www.ni.com/white-paper/3536/en/
https://www.scribd.com/document/263414867/1-NI-Tutorial-3536-En
[Acedido em: 14th outubro de 2016].

Controlador baseado em DTMF para melhoria da eficiência de uma célula fotovoltaica e controle de operação de relé por Roshan Ghosh / International Journal of Engineering Research and Applications (IJERA) ISSN: 2248-9622 www.ijera.com Vol. 2, Issue 3, May-Jun 2012,pp.2903-2911. Disponível em: http://www.ijera.com/papers/Vol2 issue3/RM2329032911.pdf
[Acedido em: 15th outubro de 2016].

Sistema de automação residencial controlado por DTMF Disponível em: http://www.electronicshub.org/dtmf-controlled-home- automation-system-circuit/ [Acedido: 16 de outubro de 2016].

Projeto e implementação de carro de brinquedo operado por celular por DTMF por Sabuj Das Gupta , Arman Riaz Ochi , Mohammad Sakib Hossain , Nahid Alam Siddique, Jornal Internacional de Publicações Científicas e de Pesquisa, Volume 3, Edição 1, janeiro de 2013, ISSN 2250-3153. Disponível em: http: //www.ij srp .org/research-paper-1301/ijsrp-p1319.pdf [Acedido em: 17th outubro 2016].

Cell Phone Based Voting Machine by Nikhil, Hemant Kumar, Priyanshu Chauhan, Department of Electronics & Communication Engineering, Haryana College of Technology & Management, Ambala Road, Kaithal-136027. Disponível em: http://files.spogel.com/abstracts/p-4812--Cell%20phone%20Based%20Voting%20Machine.pdf [Acedido em: 18th outubro 2016]

NI LabVIEW, trabalhar com ficheiros áudio .wav Disponível em: https://www.youtube.com/watch?v=ChSVf9lZ44k [Acedido em: 20 de outubro de 2016].

Demonstração de medição de tons usando LabVIEW e uma placa Arduino. Disponível em: https: //www.youtube. com/watch?v=KVQC5baEt2E [Acedido em: 1st novembro de 2016].

Software DTMF dial, 1.0. Disponível em: http://dtmf-dial.software.informer.com/1.0/ [Acedido em: 1st novembro de 2016].

Digital Signal Processing System-Level Design Using LabVIEW, por Nasser Kehtarnavaz & Namjin Kim, Universidade do Texas, Dallas, Capítulo 10, pgs 234-244. Disponível em: https://users.dimi.uniud.it/~antonio.dangelo/MMS/materials/Digital Sig nal Processing System.pdf . [Acedido em: 24 de fevereiro de 2017].

Dual-Tone Multi Frequency Coding, Capítulo 14, por Bellamy, John.1982.Digital Telephony. New York: John Wiley & Sons. Disponível em: https://www.scribd.com/document/240569549/21-Chapter- 14-Dual-Tone-Multi-Frequency-Coding.
[Acedido em: 16 de março de 2017].

Intelligentedu. 2012. Capítulo 9: Sistemas de correio eletrónico e como funcionam. [ONLINE] Disponível em:
http://www.intelligentedu.com/computer_security_for_everyone/9-how-email-systems-work.html. [Acedido em 8 de dezembro de 2016].

KryptoPhone, (2009), Encryption and decryption [ONLINE]. Disponível em:
http://kryptophone.kryptotel.net/faq/encryption/files/encryptionprocess.jp g [Acedido em 18 de novembro de 2016].

Learncryptography,(2016),Caesar Cipher[ONLINE].Disponível em :
https://leamcryptography.com/assets/img/content/caesar cipher.png [Acedido em 5 de dezembro de 2016].

National Instruments. 2017. Visão geral do NI-Visa. [ONLINE] Disponível em: http://www.ni.com/tutorial/3702/en/. [Acedido em 14 de fevereiro de 2017].

National Instruments. 2013. Gerenciador de pacotes VI. [ONLINE] Disponível em: http://www.ni.com/tutorial/12397/en/. [Acedido em 17 de fevereiro de 2017].

O.Bonaventure, (2013), Correio Eletrónico [ONLINE].Disponível em: http://cnp3book.info.ucl.ac.be/_images/email-arch.png [Acedido em 12 de dezembro de 2016].

Projectos: Construir um programa de controlo de sensores, Introdução

prática ao NI LabVIEW com Vernier SensorDAQ. Disponível em:
http://www2.vernier.com/sample labs/LWV-9-COMP-Project.pdf
[Acedido: 7 de outubro de 2016].
Manual do telefone Beetel DF 5301. Disponível em: http ://www.manuals.
club/results alpha. php?search=BEETEL+DF+5301+T ELEPHONE
[Acedido em: 9 de outubro de 2016].
LabVIEW, [Wikipedia - a enciclopédia livre], Jeffrey Travis, Jim Kring:
LabVIEW para todos: Graphical Programming Made Easy and Fun, 3ª
Edição, 27 de julho de 2006, Prentice Hall. Parte da série de
instrumentação virtual da National Instruments. ISBN 0-13-185672-3.
Disponível em: https://en.wikipedia.org/wiki/LabVIEW . [Acedido em:
12th outubro 2016].

Printed by Books on Demand GmbH, Norderstedt / Germany